高职高专电子信息类系列教材

Multisim电子电路仿真教程

朱彩莲　主编

西安电子科技大学出版社

内 容 简 介

本书介绍了一种电子电路仿真软件——Multisim 2001。通过对该软件的学习和使用，读者可以轻松地拥有一个元件设备非常完善的虚拟电子实验室，进而可以完成电子电路的各种实验和设计。

全书共 9 章。第 1~4 章主要介绍 Multisim 2001 软件的基本功能和操作，主要有 Multisim 2001 中电路的创建、元件库和元件的使用、虚拟仪器的使用和 Multisim 基本分析方法；第 5~9 章主要介绍 Multisim 2001 软件的应用，其中第 5~8 章分别从电路基础、模拟电子技术、数字电子技术、高频电子技术中选取了若干个典型实验进行 Multisim 仿真分析，每个实验给出了实验目的、实验电路、仿真操作步骤和实验结果，第 9 章是 Multisim 2001 在电子综合设计中的应用实例。

本书可作为高等院校电子技术类课程的软件实验教材，也可作为从事电子电路设计的工程技术人员的参考书。

★本书配有电子教案，需要者可与出版社联系，免费提供。

图书在版编目(CIP)数据

Multisim 电子电路仿真教程 / 朱彩莲主编. —西安：西安电子科技大学出版社，2007.9
(2022.5 重印)
ISBN 978－7－5606－1873－9

Ⅰ. M… Ⅱ. 朱… Ⅲ. 电子电路—电路设计：计算机辅助设计—应用软件，Multisim—高等学校：技术学校—教材 Ⅳ. TN702

中国版本图书馆 CIP 数据核字(2007)第 095892 号

策　　划　毛红兵
责任编辑　曹　昳　毛红兵
出版发行　西安电子科技大学出版社(西安市太白南路 2 号)
电　　话　(029)88202421　88201467　　　　邮　　编　710071
网　　址　www.xduph.com　　　　　　电子邮箱　xdupfxb001@163.com
经　　销　新华书店
印刷单位　咸阳华盛印务有限责任公司
版　　次　2022 年 5 月第 1 版第 10 次印刷
开　　本　787 毫米×1092 毫米　1/16　印 张 16.5
字　　数　389 千字
印　　数　16901~17900 册
定　　价　39.00 元
ISBN 978－7－5606－1873－9/TN

XDUP 2165001-10

如有印装问题可调换

前　言

　　EDA(Electronic Design Automation，电子设计自动化)技术是现代电子技术和信息技术发展的杰出成果，它的发展与应用正引领着一场工业设计和制作领域的革命。EDA 技术为电子工程师提供了理想的设计工具，它是电子工程师和电子类专业学生必须掌握的一项基本技术。

　　EDA 技术涉及的内容非常广泛，广义上讲只要以计算机为工作平台，利用计算机技术辅助电子系统的设计都可以归类到 EDA 的范畴。目前，EDA 技术主要能辅助进行三方面的设计工作：集成电路(IC)设计、电子电路仿真设计以及印制电路板设计。

　　EDA 的工具软件很多，应用的设计领域也不同。本书介绍的 Multisim 2001 是一个用于电路设计和仿真的 EDA 工具软件。它是最流行的电子仿真软件 EWB 的升级版本，被称为电子设计工作平台或虚拟电子实验室。Multisim 2001 电子电路仿真软件提供了从分立元件到集成元件，从无源器件到有源器件，从模拟元器件到数字元器件甚至高频类元器件及机电类元器件等庞大的元器件库，并且提供了功能强大、设备齐全的虚拟仪器和能满足各种分析需求的分析方法。利用这些仪器和分析方法，不仅可以清楚地了解电路的工作状态，还可以测量电路的稳定性和灵敏度。Multisim 2001 不仅可以作为专业软件真实地仿真分析电路的工作，将设计错误尽可能地消灭在制作样机之前，而且可以在"电路基础"、"模拟电子技术"、"数字电子技术"等电子实验课中充当虚拟实验平台，将电子实验搬到计算机屏幕上来做。

　　本书主要是为配合"电路基础"、"模拟电子技术"、"数字电子技术"、"高频电子技术"等课程的教学而编写的。对于其中的实验内容，读者可根据专业和教学进程的需要选择学习。注意：本书在编写过程中为了方便读者学习，书中一律采用 Multisim 软件生成的电路图及仿真图。但是，为了防止在公式计算中出错，部分软件生成图中的单位、符号等在文中采用国标。例如，图中的"R2"、"L2"、"C2"，在文中写为"R_2"、"L_2"、"C_2"，图中的"ohm"在文中写为"Ω"；图中的"uF"在文中写为"μF"等。

　　本书共分 9 章，其中第 1～4 章主要介绍 Multisim 2001 仿真软件的基本操作，并通过大量的实例讲解 Multisim 2001 中虚拟元器件和仪器仪表的使用方法以及各种分析方法；第 5～9 章主要应用 Multisim 2001 进行仿真实验和设计，内容包括电路基础、模拟电子技术、数字电子技术、高频电子技术、电子电路设计等的仿真实验和设计。

　　本书由江西工业工程职业技术学院朱彩莲编写。

　　由于作者水平有限，书中难免有不妥之处，欢迎读者批评指正。

编　者

2007 年 6 月

目　　录

第 1 章　Multisim 系统概述

　　Multisim 是一种电子电路计算机仿真设计软件,它被称为电子设计工作平台或虚拟电子实验室。该软件是 Interactive Image Technologies(Electronics Workbench)公司推出的以 Windows 为基础的电路仿真工具,适用于模拟电路、数字电路的设计及仿真。

　　Multisim 最突出的特点之一是用户界面友好,它可以使电路设计者方便、快捷地使用虚拟元件和仪器、仪表进行电路设计和仿真。作为高校电路实验和综合电路设计等实践环节的配套软件,学生在 Multisim 环境中不仅可以精确地进行电路分析,深入理解电子电路的原理,同时还可以大胆地设计电路,不必担心损坏实验设备。

1.1　Multisim 2001 基本界面介绍

　　启动 Multisim 2001 软件,进入 Multisim 电路设计平台,其基本界面如图 1-1 所示。

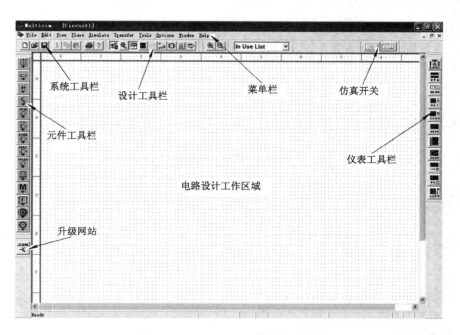

图 1-1　Multisim 2001 的基本界面

1.1.1 菜单栏

菜单栏如图 1-2 所示,其中包含了 10 个菜单项,从左至右分别为 File(文件菜单)、Edit(编辑菜单)、View(窗口显示菜单)、Place(放置菜单)、Simulate(仿真菜单)、Transfer(文件输出菜单)、Tools(工具菜单)、Options(选项菜单)、Window 和 Help(帮助菜单)。在每个主菜单下都有一个下拉菜单。File 菜单主要用于管理所建立的电路文件,如打开、保存和打印等。Edit 菜单主要用在电路绘制过程中,用于对电路和元件进行各种技术性处理。View 菜单主要用于确定界面上显示的内容以及电路图的缩放和元件的查找。Place 菜单用于在工作区内放置元件、连接点、总线和文字等。Simulate 菜单提供电路仿真设置与操作命令。Transfer 菜单提供将仿真结果传递给其他软件处理的命令。Tools 菜单主要用于编辑或管理元器件和元件库。Options 菜单用于定制电路的界面和对电路的某些功能进行设定。Window 菜单和 Help 菜单提供系统在线帮助。

| File | Edit | View | Place | Simulate | Transfer | Tools | Options | Window | Help |

图 1-2 菜单栏

以下是主要菜单的下拉菜单内容及其中英文对照。

1. File 菜单

File 菜单内容及其中英文对照如图 1-3 所示。

New Ctrl+N	建立新文件
Open... Ctrl+O	打开已存在的文档
Close	关闭当前文档
Save Ctrl+S	保存当前文档
Save As...	另存文档
New Project...	建立新的专题文档
Open Project...	打开已存专题文档
Save Project	
Close Project	
Version Control	
Print Circuit ▶	打印电路图
Print Reports ▶	打印报告
Print Instruments	打印当前仪表波形图
Print Setup...	打印设置
Recent Files ▶	选择最近打开过的文档
Recent Projects ▶	选择最近打开过的专题文档
Exit	退出

图 1-3 File 菜单

2. Edit 菜单

Edit 菜单内容及其中英文对照如图 1-4 所示。

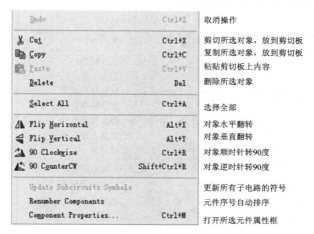

图 1-4　Edit 菜单

3．View 菜单

View 菜单内容及其中英文对照如图 1-5 所示。

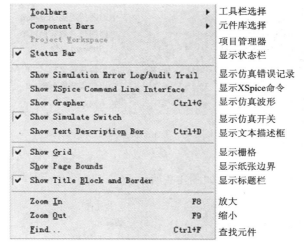

图 1-5　View 菜单

4．Place 菜单

Place 菜单内容及其中英文对照如图 1-6 所示。

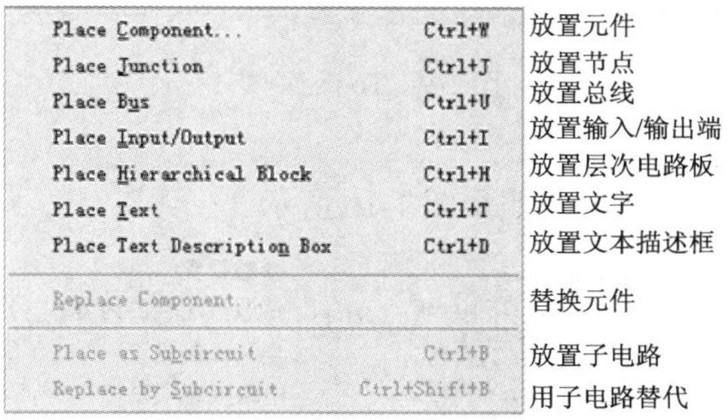

图 1-6　Place 菜单

5．Simulate 菜单

Simulate 菜单内容及其中英文对照如图 1-7 所示。

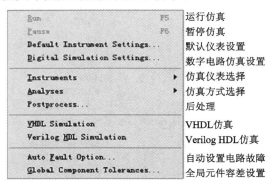

Run	F5	运行仿真
Pause	F6	暂停仿真
Default Instrument Settings...		默认仪表设置
Digital Simulation Settings...		数字电路仿真设置
Instruments ▶		仿真仪表选择
Analyses ▶		仿真方式选择
Postprocess...		后处理
VHDL Simulation		VHDL仿真
Verilog HDL Simulation		Verilog HDL仿真
Auto Fault Option...		自动设置电路故障
Global Component Tolerances...		全局元件容差设置

图 1-7　Simulate 菜单

6．Transfer 菜单

Transfer 菜单内容及其中英文对照如图 1-8 所示。

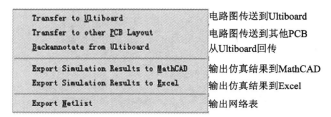

- Transfer to Ultiboard　电路图传送到Ultiboard
- Transfer to other PCB Layout　电路图传送到其他PCB
- Backannotate from Ultiboard　从Ultiboard回传
- Export Simulation Results to MathCAD　输出仿真结果到MathCAD
- Export Simulation Results to Excel　输出仿真结果到Excel
- Export Netlist　输出网络表

图 1-8　Transfer 菜单

7．Tools 菜单

Tools 菜单内容及其中英文对照如图 1-9 所示。

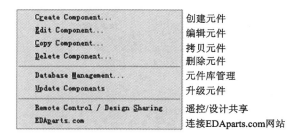

- Create Component...　创建元件
- Edit Component...　编辑元件
- Copy Component...　拷贝元件
- Delete Component...　删除元件
- Database Management...　元件库管理
- Update Components　升级元件
- Remote Control / Design Sharing　遥控/设计共享
- EDAparts.com　连接EDAparts.com网站

图 1-9　Tools 菜单

8．Options 菜单

Options 菜单内容及其中英文对照如图 1-10 所示。

- Preferences...　参数设置
- Modify Title Block...　修改标题栏的内容
- Global Restrictions...　全局限制设置
- Circuit Restrictions...　电路限制项设置

图 1-10　Options 菜单

1.1.2　工具栏

各工具栏是否在工作界面显示，可以通过 View 菜单中对应的命令进行控制。

1．系统工具栏

系统工具栏包含了常用的基本功能按钮，如图 1-11 所示。各功能按钮与 Windows 环境下运行的其他应用软件(如 Word、Excel)的功能及应用方法基本相同。

图 1-11　系统工具栏

2．设计工具栏

设计工具栏如图 1-12 所示。该工具栏是 Multisim 的核心部分，使用它可进行电路的创建、仿真及分析，并最终输出设计数据等。在前述菜单中也可以执行这些设计功能，但使用设计工具栏进行电路设计将会更方便。

图 1-12　设计工具栏

元件设计按钮：用以确定存放元器件模型的元件工具栏是否放到电路界面。

元件编辑器按钮：用以调整或增加元件。

仪表按钮：控制仪表工具栏是否显示，用以给电路添加仪表或观察仿真结果。

仿真按钮：用以开始、暂停或结束电路仿真。

分析按钮：用以选择要对电路进行的分析。

后处理器按钮：用以对仿真结果进行进一步的处理。

VHDL/Verilog 按钮：用以使用 HDL 模型进行设计。

报表按钮：用以打印电路的有关报表。

传输按钮：用以与其他程序之间进行数据传输。

3．元件工具栏

Multisim 将所有的元件模型分门别类地放在 14 个元件库中。元件工具栏通常放置在工作窗口的左边。为了书写方便，下面将元件工具栏拖出横向放置，如图 1-13 所示。

图 1-13　元件工具栏

图 1-13 所示的 14 个元件库按钮从左至右分别是：电源库、基本元件库、二极管库、晶体管库、模拟元件库、TTL 元件库、CMOS 元件库、其他数字元件库、数字模拟混合库、指示部件库、杂项元器件库、数字控制模型库、射频器件库和机电类元件库。

4．仪表工具栏

仪表工具栏含有 11 种用来对电路工作状态进行测试的仪器仪表，通常放置在工作窗口的右边。同样为了方便，可将其拖出横向放置，如图 1-14 所示。

图 1-14 仪表工具栏

这 11 种测量仪表从左至右分别是：数字万用表、函数信号发生器、瓦特表、示波器、波特图仪、字信号发生器、逻辑分析仪、逻辑转换仪、失真度分析仪、频谱分析仪和网络分析仪。

5. 仿真开关

仿真开关用以控制仿真过程。将按钮 [图] 中的 1 拨下，进行电路仿真；将按钮 [图] 中的 0 拨下，停止仿真。按一下按钮 [Ⅱ]，暂停仿真；再按一下，继续仿真。

6. 升级网站

点击按钮 [图]，用户可以自动通过因特网进入 EDAparts.com 网站，在该网站可以下载专为 Multisim 设计的升级元件库的文件。

1.2 定制 Multisim 界面

定制 Multisim 界面的操作主要通过 Preferences 对话框中提供的各项选择功能实现。启动 Options 菜单中的 Preferences…命令，即出现 Preferences 对话框，如图 1-15 所示。

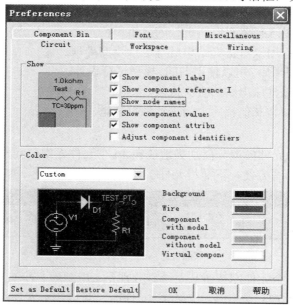

图 1-15 Preferences 对话框

该对话框中有 6 页，这 6 页能对电路的界面进行较为全面的设置，分别说明如下。

1. Circuit 页

图 1-15 即为 Circuit 页，该页对电路图形进行设置。该页分为两个区：Show 区和 Color 区。

(1) Show 区：用来设置是否显示元件及连线上的文字项目、节点标号等。左边是预览区，该区共有以下 6 项：

➢ Show component labels：显示元件的标识；

➢ Show component reference ID：显示元件的序号；

➢ Show node names：显示电路中节点的编号；

➢ Show component values：显示元件的值；

➢ Show component attribute：显示元件属性；

➢ Adjust component identifiers：自动调整元件的标识符。

(2) Color 区：包括 1 个选择栏和 5 个按钮，用来控制电路的颜色搭配。左边是预览区，在左上方的下拉选择栏中包括以下几项：

➢ Black Background：程序设置的黑底配色方案；

➢ White Background：程序设置的白底配色方案；

➢ White&Black：程序设置的白底黑白配色方案；

➢ Black&White：程序设置的黑底黑白配色方案；

➢ Custom：由用户设置配色方案。只有选择这项时，右边的电路配色才可选择，否则不可选。其中 Background 为编辑区的底色，Wire 为连接线的颜色，Component with model 为有源器件的颜色，Component without model 为无源器件的颜色，Virtual component 为虚拟元件的颜色。点击后面的颜色按钮，可以打开颜色对话框，选择所需颜色。

2．Component Bin 页

Component Bin 页如图 1-16 所示。这页主要是对元件箱元件进行有关设置，分为 3 个区：Symbol standard 区、Component toolbar functionality 区和 Place component mode 区。

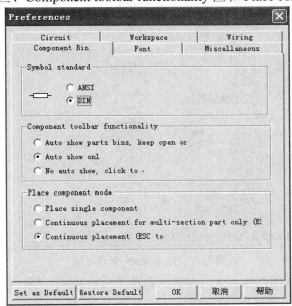

图 1-16　Component Bin 页对话框

(1) Symbol standard 区：可以选取所采用的元器件符号标准。

➢ ANSI：美国标准；

➢ DIN：欧洲标准。

我国的电气符号标准与欧洲标准接近，选择 DIN 较好。

(2) Component toolbar functionality 区：可以选择元件箱的打开和显示方式。

➢ Auto show parts bins，keep open on clicks：当光标指向元件栏中的分类库时，其元件库将自动展开，直到点击关闭为止；

➢ Auto show only：当光标指向元件库时，元件库将自动展开，在取完一个元件后，元件库将自动关闭；

➢ No auto show，click to open：元件库不会自动展开，点击后才能打开。

(3) Place component mode 区：可以选择放置元件的方式。

➢ Place single component：选取一次元件后只能放置一次，不管该元件是单个封装还是复合封装；

➢ Continuous placement for multi-section part only(Esc to quit)：对于复合封装的元件(如74LS00D)，可连续放置，直至全部放完，按 Esc 键或点击鼠标右键可结束放置；

➢ Continuous placement (Esc to quit)：选取一次元件后可连续放置多个该元件，按 Esc 键或点击鼠标右键可结束放置。

3．Workspace 页

Workspace 页如图 1-17 所示。这页主要是对电路显示窗口的图纸进行设置，其中包含 3 个区：Show 区、Sheet size 区和 Zoom level 区。

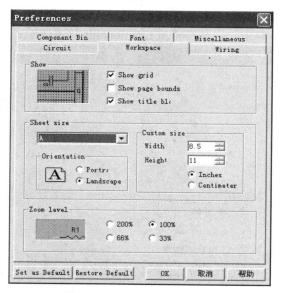

图 1-17　Workspace 页对话框

(1) Show 区：设置图纸的格式，左半部是设置的预览区，右半部是选项栏。

➢ Show grid：显示栅格；

➢ Show page bounds：显示纸张边界；

➢ Show title block：显示标题栏。

(2) Sheet size 区：图纸尺寸设置。

左上方的下拉选择栏中列出了 A、B、C、D、E、A4、A3、A2、A1 和 A0 共 10 种标准规格的图纸可供选择。

如果要自定义图纸尺寸，可选择 Custom 项，然后在 Custom size 区指定宽度(Width)和高度(Height)，以及宽度和高度的单位：英寸(Inches)或厘米(Centimeters)。

在左下方的 Orientation 区内可以设置图纸的方向，其中 Portrait 为纵向图纸，Landscape 为横向图纸。

(3) Zoom level 区：选择显示窗口图纸的缩放比例，包括 200%、100%、66%和 33%。

4．Font 页

Font 页如图 1-18 所示。这页的主要功能是提供编辑区中文字的设置，分为 6 个区：

(1) Font 区：设置字体。

(2) Font style 区：选择字形。其中，Bold 表示粗体；Bold Italic 表示斜粗体；Italic 表示斜体；Regular 表示正常字。

(3) Size 区：设置字的大小。

(4) Sample 区：预览区。

图 1-18　Font 页对话框

(5) Change all 区：设定本对话框所设的字体将影响的项目。

➢ Component reference ID：元件参考标记；

➢ Component values and label：元件值和标号；

➢ Component attributes：元件属性文字；

➢ Pin names：引脚名称；

➢ Node names：节点名称；

➢ Schematic text：电路图中的文字。

(6) Apply to 区：设置本对话框设定的字体是应用于整个电路(Entire circuit)，还是只应用于选取的项目(Selection)。

5. Wiring 页

Wiring 页如图 1-19 所示。这页主要用来设置电路导线的宽度与连线的方式，分为以下两个区：

(1) Wire width 区：设置导线的宽度。左边是预览区；右边栏内可输入宽度值，数值越大，导线越宽。

(2) Autowire 区：设置导线的自动连线方式。

➢ Autowire on connection：由程序自动连线；

➢ Autowire on move：在移动元件时自动重新连线。若选中本选项，则在重新连线时可让连线保持垂直/水平走线；若没选中，则连线将可能变化成斜线。

一般情况下，以上两项都应选上。

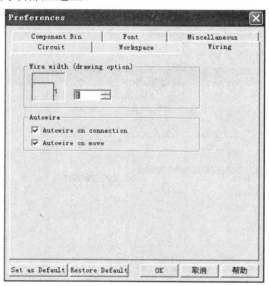

图 1-19　Wiring 页对话框

6. Miscellaneous 页

Miscellaneous 页如图 1-20 所示。该页设置电路的备份、存盘路径、数字仿真速度及 PCB 接地方式等，分为 4 个区：

(1) Auto-backup 区：设定自动备份的时间间距，即经过多长时间进行一次自动备份。

(2) Circuit Default Path 区：设定预置的存盘路径。

(3) Digital Simulation Settings 区：选择数字仿真的两种状态。

➢ Idea(faster simulation)：理想状态仿真，可以获得较高的仿真速度。

➢ Real(more accurate simulation-requires power and digital ground)：较全面模仿真实状态的仿真，仿真速度较慢。

(4) PCB Option 区：对 PCB 接地方式进行选择。若选中 Connect digital ground to analog ground，则在 PCB 中将数字地与模拟地连接在一起；否则要将两者分开。

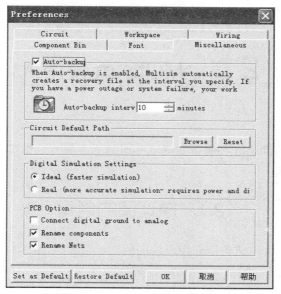

图 1-20　Miscellaneous 对话框

1.3　设置标题栏

在开始创建电路前，可以为电路图设置一个标题栏。

通过 Options/Preferences…命令打开参数设置对话框，选择 Workspace 页，选中 Show 区中的 Show Title Block and Border 选项或直接从 View 菜单中选择 Show Title Block and Border，此时在设计窗口中图纸的右下方将出现一个标题栏。

通过 Options/Modify Title Block…命令打开 Title Block 对话框，可以对该标题栏的相关内容进行设置，如图 1-21 所示。设置完后，点击 OK 按钮，则设置的内容将出现在标题栏中。

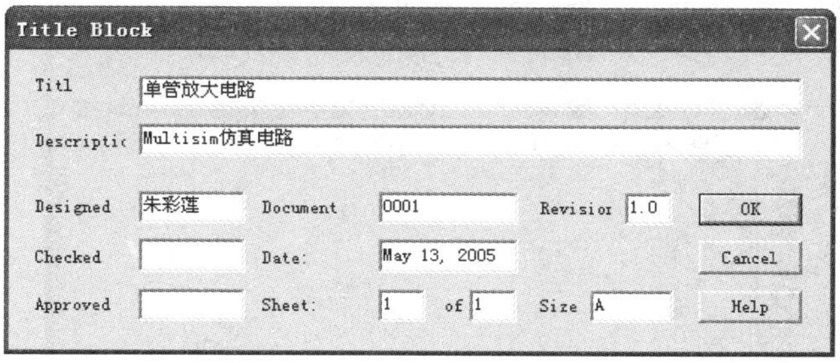

图 1-21　Title Block 对话框

第 2 章　Multisim 使用入门

本章主要介绍在 Multisim 环境下创建电路图的基本操作、电路的仿真分析、子电路的创建以及总线的应用等。

2.1　原理图的创建

下面以一个单管放大电路为例介绍原理图的创建过程(见图 2-1)。

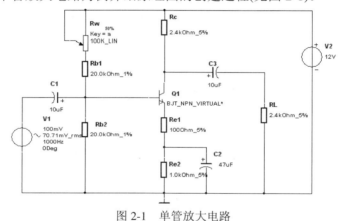

图 2-1　单管放大电路

1. 设计电路界面

按照第 1 章中介绍的定制 Multisim 界面设置自己的工作界面，当然也可以直接在基本界面上开始创建电路。还可以为所设计的电路设置一个标题栏。设置后的工作界面如图 2-2 所示。

图 2-2　用户设置的界面

2．放置元件

Multisim 已将所有的元件模型分门别类地放置在了元件工具栏的元件库中。设计者可以在相应的元件库中选择所需要的元件。

1）放置电阻

将鼠标指向 Basic 元件库按钮 ![按钮] 时，元件库展开。元件库中有两个电阻箱，左边一个存放着现实存在的电阻元件，称为现实电阻箱；右边一个带有墨绿色衬底的电阻箱中存放着一个可任意设置阻值的虚拟电阻，称为虚拟电阻箱。为了与实际电路接近，应尽量选用现实电阻箱中的电阻元件。例如，要选取 10 kΩ 的电阻，先点击现实电阻箱，出现 Component Browser 对话框，如图 2-3 所示。

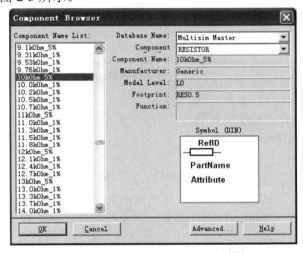

图 2-3　Component Browser 对话框

该对话框显示出元器件的许多信息。在 Component Name List 栏中列出了若干现实电阻元件。拉动滚动条，找到 10kOhm_5%，点击选中，再点击 OK 按钮，则选出的电阻会紧随着鼠标在电路窗口内移动，移到合适的位置后，点击即可将这个 10 kΩ 的电阻放置在适当位置。同理，可将电路中所需的其他电阻一一选出放到电路窗口中适当的位置。

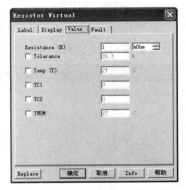

如果选择虚拟电阻箱中的电阻，则点击后可直接拖出一个虚拟电阻，双击后可打开属性设置框，如图 2-4 所示，可在 Value 页中设置此虚拟电阻的值。

图 2-4　虚拟电阻属性设置框

2）放置电位器

Basic 元件库中的电位器箱也有现实电位器箱和虚拟电位器箱两种。点击虚拟电位器后可直接带出元件，双击后可以改变电位器的值。同样，应尽量选择现实电位器箱的元件。点击按钮 ![按钮]，出现如图 2-5 所示的对话框。从列表栏中选择 100 K_LIN 放置到电路窗口。电位器 Rw 旁标注的文字"Key=a"表明按动键盘上 a 键，电位器的阻值将按每次减小 5% 的速度减小；若要增加阻值，则可按 Shift+a 键，阻值将以每次增加 5% 的速度增加。

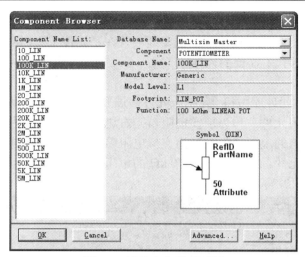

图 2-5   选取电位器对话框

3) 放置电容

在 Basic 元件库中找到电解电容箱，利用与放置电阻同样的方法可以将两个 10 μF 和一个 47 μF 的电解电容放置到电路窗口中。

4) 放置三极管

将鼠标指向晶体管库按钮 ，晶体管库即可展开，出现晶体管元件箱。由于 Multisim 是国外公司开发的软件，因此在现实元件箱中存放的是根据国外几个大公司的实际产品设计的现实模型，没有我国的晶体管器件模型，设计时可以选择和我国产品相近的国外产品模型。还可以点击虚拟 NPN 元件箱，选择虚拟晶体三极管。与选取虚拟电阻的方法一样，从虚拟晶体管库取出 BJT_NPN_VIRTUAL 放到电路窗口适当的位置上。双击元件，打开元件属性对话框，如图 2-6 所示。选择 Value 页，点击 Edit Model，即出现 Edit Model 对话框，如图 2-7 所示。其中 BF 即是 β(电流放大倍数)，其值可修改。然后点击 Change Part Model 按钮，回到 BJT_NPN_VIRTUAL 对话框，点击"确定"按钮，三极管即放置完毕。

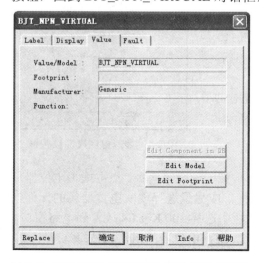

图 2-6   BJT_NPN_VIRTUAL 元件属性对话框

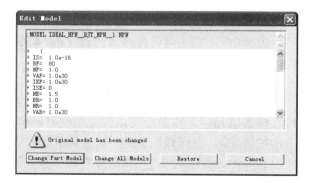

图 2-7   Edit Model 对话框

5) 放置直流电源

将鼠标指向 Source 元件库按钮 ，电源元件库展开。电源库中的元件全部是虚拟的，选择直流电压源 或简化的直流电压源 。点击直接拖出所选电源至合适位置时，再次点击将电源放置在电路窗口中，双击打开其属性对话框，在 Value 页可改变电压值，如图 2-8 所示。

图 2-8　电压源属性对话框

6) 放置交流信号源

交流信号源可以采用信号发生器产生，也可以直接调用交流电压源。直接调用元件箱中的交流电压源，点击按钮 ，带出一个参数是 0.7 V、1 kHz、0 Deg 的交流电压信号源。双击元件，出现属性对话框(如图 2-9 所示)，在此可以对这个信号源的大小、频率、初相进行修改。

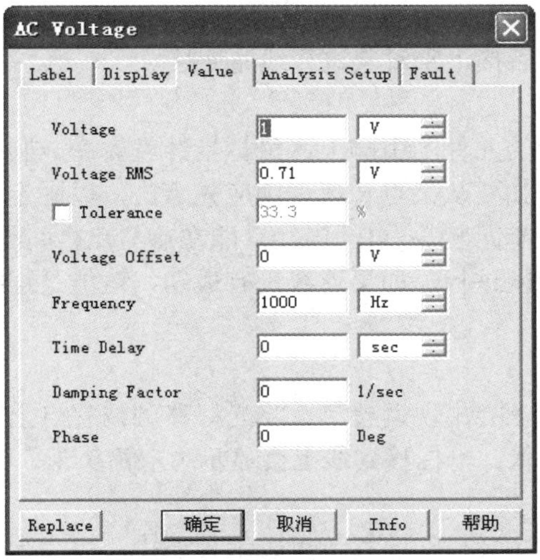

图 2-9　AC Voltage 属性对话框

7) 放置接地端

如果电路没有接地端,通常不能进行有效的分析。点击 Source 元件库中的接地按钮 ,
再将其拖出至合适位置,点击释放即可。

通常放置元件的方法是在相应的元件箱中提取元件,如上所述。另外,还可以执行菜单命令 Place/Place Component…,在弹出的 Component Browser 元件浏览对话框中选择元件所在的 Database Name 数据库(默认情况下为 Multisim Master,这是最常用的数据库),然后在 Component 中选择元件箱名。左边 Component Name List 元件列表中就会出现选中元件箱中的所有元件。接下来的操作和从元件箱中取元件的操作是一样的。

2. 调整元件

根据需要适当调整元器件的位置和方向,可以使工作区内的电路图更为整齐。点击并拖动元件,可以调整元件的位置。如果元件要垂直放置或上下、左右翻转,可在选中元件后打开 Edit 菜单,选取相应的翻转命令。也可弹出快捷菜单,在其中选取相应的命令来进行调整。若已经连接了线,翻转时连线不会断开;若要同时调整多个元件,可先将要调整的元件全部选中,然后再拖动或执行相应的命令。

设计时若要调整元件的参考序号,可双击元件,打开元件的属性对话框。选择 Label 页在 Reference ID 中进行调整。如将集电极电阻的参考序号改成 Rc,如图 2-10 所示。如果元件的序号或元件的值等文字标注出现在不恰当的位置,则按住鼠标左键选中要调整的部位直接拖到恰当的位置即可。

图 2-10　设置元件的参考序号

3. 连接线路

放置完所有的元器件后接下来对其进行线路连接。

1) 自动连线

将光标指向所要连接的元件的引脚上,鼠标指针就会变成圆圈状,单击左键并移动光标,即可拉出一条虚线;如要从某点转弯,则应先点击,以固定该点,然后移动光标,到达终点后点击,即可完成自动连线。自动连线只能在点与点之间(包括引脚之间)和点与线之间进行,不能在线与线之间进行。如果连线没有成功,可能是连接点与其他元件太靠近所致,移开一段距离即可。

2) 改变连线轨迹

选中相应连线后,线上会出现调整点。将光标移到调整点上,光标会显示为三角形,拖曳光标可改变连线的形状;光标移到线上会显示为双箭头形,拖曳光标可平移连线。

3) 手动添加连接点

在丁字形交叉点,程序会自动放置节点表示相连接;而在十字形交叉点,程序不放置节点,表示不相连。如果希望十字形交叉处互连,则需使用 Place/Place Junction 命令先在交叉处放置一个节点，然后其他点都和这个节点相连。若先连接成十字形交叉线，再在交叉处放置节点，往往是虚焊点，不可靠，没有真正地连接。还有一种方法是先连一根线，再将另一根线分成两段，变成两段点与线的连接，这个连接也是可靠的。

　　4）设置连接线的颜色

　　缺省的连接线的颜色是由 Option/Preferences 命令所设定的。若需要改变某一根连接线的颜色，可将光标指向这根连接线，点击右键，弹出快捷菜单，选择 Color…命令进行设置。

　　5）删除连接线或节点

　　若要删除连接线或节点，可选中连接线或节点，按 Delete 键；或将光标指向要删除的连接线或节点，单击右键，弹出快捷菜单，选择 Delete 命令。

　4．放置文字注释

　　如果文字注释比较多，可通过 Place/Place Text Description 启动电路文本描述框，在该文本框中输入对电路的详细描述。若文字比较少或要就近对电路注释，则可使用 Place/Text 命令直接在电路图中放置文字。如图 2-1 中单管放大电路的注释就采用后一种方法设置。

　5．显示电路图中的节点编号

　　启动 Options/Preferences…对话框，选中 Circuit 页，将 Show 区中 Show node names 选项选中，电路图中的节点编号即在图中显示。

　　编辑调整好的电路如图 2-11 所示。

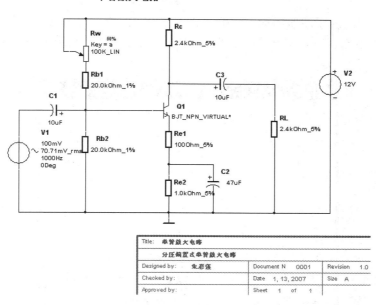

图 2-11　创建完成的电路图

2.2　电路的仿真分析

　　本节通过对创建的单管放大电路进行的仿真分析，来介绍电路仿真分析的一般过程。

1．调用和连接测试仪表进行仿真分析

(1) 从窗口右边的仪表栏中调出一台示波器，方法与从元件栏中选取虚拟元件一样。将示波器的 A 通道接输入信号源，B 通道接输出端，如图 2-12 所示。

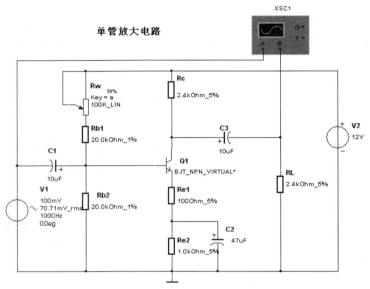

图 2-12 示波器的连接

(2) 双击电路中的示波器图标，即可开启示波器的面板，如图 2-13 所示。为了观察到清晰的波形，需适当调节示波器界面上的时基(Timebase)和 A、B 通道(ChannelA 和 Channel B)的 Scale 值。

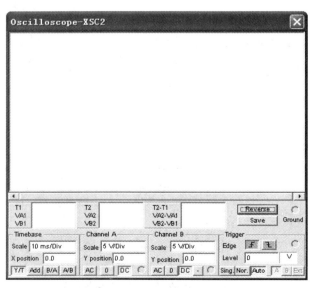

图 2-13 示波器的面板

(3) 启动仿真开关，反复按键盘上的 a 键，减小基极电阻 R_W 的大小，观察示波器波形的变化。当 Key=5%时，波形出现了饱和失真，如图 2-14 所示。

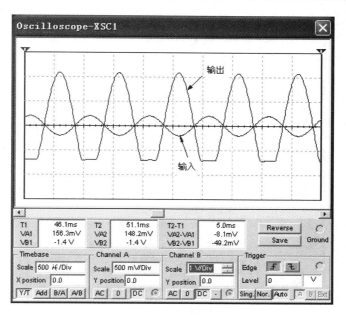

图 2-14 由示波器观察到的饱和失真波形

(4) 反复按 Shift+a 键,增大基极电阻 R_W 的大小,观察示波器的波形。随着电位器阻值的增加,输出波形的饱和失真将减小。当 Key=30%时,电路处于正常放大状态,电路输出及输入波形如图 2-15 所示。

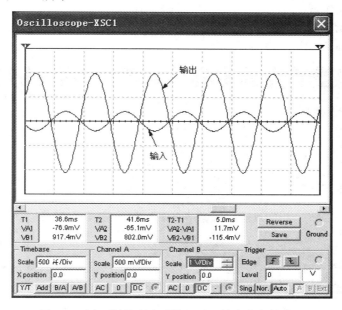

图 2-15 由示波器观察到的正处于放大状态的波形

(5) 继续增大阻值到 Key=80%时,电路出现明显的截止失真。由示波器观察到的波形如图 2-16 所示。

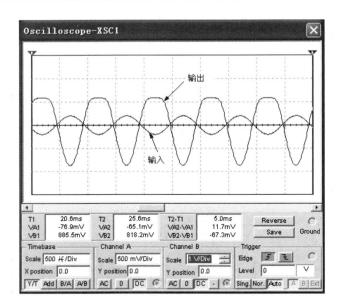

图 2-16 由示波器观察到的截止失真波形

2．电路分析方法

在以上由示波器观察电路输出的过程中,可以确定 Key=30%的电路是处于放大状态的。可以通过仪器仪表测得电路的静态工作点,还可以采用软件提供的分析方法进行仿真分析得到电路的静态工作点。

启动 Simulate/Analyses/DC Operating point…命令,打开 DC Operating Point Analysis 对话框,如图 2-17 所示。

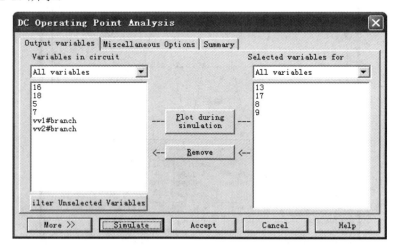

图 2-17 DC Operating Point Analysis 对话框

在 Output variables 页中,选择需要用来仿真的变量。可供选择的变量一般包括所有节点的电压和流经电压源的电流,这些变量全部列在 Variables in circuit 栏中。先选择需要仿真的变量,点击 Plot during simulation 按钮,则可将这些变量移到右边栏中。如果要删除已移入右边的变量，也只需先选中变量，再点击 Remove 按钮即可。这里选择 8、9、13、17，然后点击 Simulate 按钮，系统便显示出运算的结果，如图 2-18 所示。

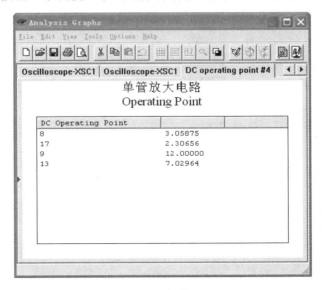

图 2-18　仿真结果显示

从仿真结果可以看到，节点 8、17、9、13 的电压分别是 3.058 75 V、2.306 56 V、12.000 00 V、7.029 64 V。结合电路图中节点的位置可知：V_B=3.058 75 V，V_E=2.306 56 V，V_C=7.029 64 V，V_{cc}=12 V，与手工估算的结果基本一致。从仿真计算出的三极管的基极、发射极、集电极的电压可以判断出电路处于放大电路，和前面用示波器观察的结果是一致的。

2.3　子电路的创建与调用

在电路图的创建过程中经常会碰到这样两种情况：一是电路的规模很大，全部在屏幕上显示不方便，对于这种情况，设计者可先将某一部分电路用一个方框图加上适当的引脚来表示；二是某一部分电路在多个电路中重复使用，若将其用一个方框图代替，则将给电路的编辑带来方便。在 Multisim 中支持这种层次型的电路图，方框图就是一个子电路。

下面介绍创建与使用子电路的基本过程。

1．创建要成为子电路部分的电路图

要使子电路部分的电路图与其余电路部分相连，其端子上必须连接输入/输出端符号。如将刚编辑的单管放大电路用一个子电路代替，在输入端将信号源去掉，连接两个输入端符号(X1 和 X2)，在输出端将负载电阻去掉，连接两个输出端符号(Y1 和 Y2)。输入/输出端符号的放置，可通过 Place 菜单下的 Place Input/Output 命令来实现，放置后双击可以打开一个对话框，在其中可修改端口名字。注意：输入/输出端符号放置的方向，将决定是输入端还是输出端。放置在左边表示输入端，放置在右边表示输出端。

放置输入/输出端符号的放大电路如图 2-19 所示。

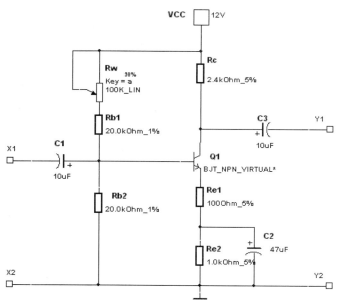

图 2-19　单管放大电路

2．将电路图创建成一个子电路

（1）按住鼠标左键，拉出一个长方形，把用来组成子电路的电路部分全部选定。

（2）启动 Place 菜单中的 Replace by Subcircuit，打开如图 2-20 所示的 Subcircuit Name 对话框。

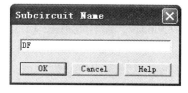

图 2-20　Subcircuit Name 对话框

（3）在对话框中输入子电路的名称，如 DF，点击 OK 按钮即可得到如图 2-21 所示的子电路。不带引脚的 X1 是子电路的序号，双击它可打开子电路对话框，如图 2-22 所示，可以在 Reference ID 中更改子电路的序号。如果点击 Edit Subcircuit 按钮，则可进入该子电路重新编辑。

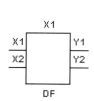

图 2-21　子电路

图 2-22　Subcircuit 对话框

3．调用子电路

（1）启动 Place 菜单中的 Place as Subcircuit，出现与图 2-20 相同的对话框，输入子电路的名称，如 DF，即可在当前编辑的电路中放置该子电路方框图。这个子电路方框图就像是一个一般的电路组件，在电路图中可与其他元器件一样处理，但不能旋转和更改属性。在同一个电路中可使用多个相同或不同的子电路。

(2) 图 2-23 所示是调用两个刚才建立的子电路组成的多级放大电路，图 2-24 是其仿真结果。根据模拟电路知识可知，仿真结果是正确的，说明电路工作正常。

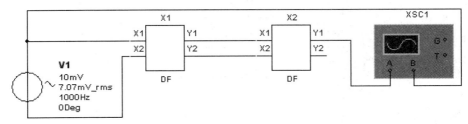

图 2-23　由子电路构成的两级放大电路

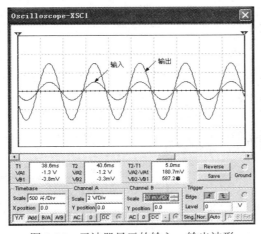

图 2-24　示波器显示的输入、输出波形

2.4　总线的应用

下面介绍一种采用总线的连线方式，这种连线方式在编辑数字电路图时比较常见。

在数字电路中，常见多条性能相同的导线按同一种方式连接，如译码器 74LS138 的 8 个输出端与 8 个发光二极管相连(见图 2-25)。设想如果连线增多或距离加长，可能使人很难分辨。利用总线来连接，将两端的单线分别接入总线，构成单线—总线—单线的连接方式，线路会清晰简单很多。

放置总线的操作过程如下：

(1) 启动 Edit/Place Bus 命令，进入绘制总线状态。

(2) 拖动所要绘制总线的起点即可拉出一条总线。如要转弯，则点击鼠标左键，到达终点后，双击即可完成总线的绘制，系统也将自动给出总线的名称。如要修改名称，则双击该总线，打开 Bus 对话框，在其中 Reference ID 栏内输入新的总线名称，然后点击确定。注意：两根或多根总线只要名称相同，在电气上就是一根总线，相当于连在一起。

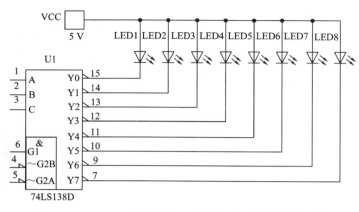

图 2-25　74LS138 输出端与 8 个发光二极管采用单线连接

(3) 接着绘制译码器输出端与总线的连接。点击译码器的输出端引脚并移向总线，再点击则出现如图 2-26(a)所示的对话框，输入 1，单线旁出现 Bus.1 的标注。依此类推，将译码器的输出端全部与总线相连。

(4) 绘制发光二极管与总线的连接。点击发光二极管的引脚并移向总线，再点击则出现如图 2-26(b)所示的对话框，选择相应的连接线，如 Bus.1，点击 OK 按钮。单线旁同样出现 Bus.1 标注，名称相同的单线在电气上是相连的。图 2-27 所示就是采用单线—总线—单线连接方式将译码器的输出端与 8 个发光二极管相连的电路。

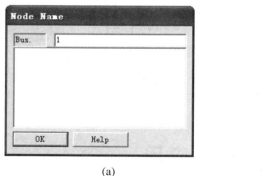
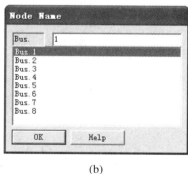

(a)　　　　　　　　　　　　　　　　　(b)

图 2-26　Node Name 对话框

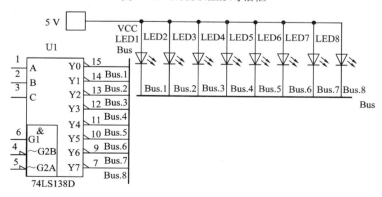

图 2-27　译码器的输出端与 8 个发光二极管采用总线连接

第 3 章　Multisim 仿真元件库与虚拟仪器

　　Multisim 2001 的所有仿真元器件都在元件栏中。在第 2 章中已经简单介绍了从元件栏中调用元器件到电路中的一般操作方法，本章将详细介绍每一个元件库中的仿真元件及其使用方法。

3.1　Multisim 2001 仿真元件库

3.1.1　电源库

　　点击电源库(sources)图标 ⬍，展开后如图 3-1 所示。

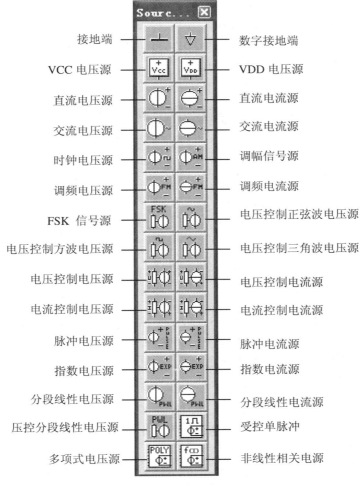

接地端 — — 数字接地端
VCC 电压源 — — VDD 电压源
直流电压源 — — 直流电流源
交流电压源 — — 交流电流源
时钟电压源 — — 调幅信号源
调频电压源 — — 调频电流源
FSK 信号源 — — 电压控制正弦波电压源
电压控制方波电压源 — — 电压控制三角波电压源
电压控制电压源 — — 电压控制电流源
电流控制电压源 — — 电流控制电流源
脉冲电压源 — — 脉冲电流源
指数电压源 — — 指数电流源
分段线性电压源 — — 分段线性电流源
压控分段线性电压源 — — 受控单脉冲
多项式电压源 — — 非线性相关电源

图 3-1　电源库

电源库中共有 30 个电源器件，有提供电能的电源，有作为输入信号的各式各样的信号源以及各种控制电源，有交流有直流，还有一个接地端和一个数字电路接地端。Multisim 的电源器件全部是虚拟器件，可通过自身的属性对话框对其相关参数进行直接设置。

1．接地端(Ground)

接地端为电路中的接地元件，电位为 0 V。在 Multisim 电路图上可以同时调用多个接地端，多个接地端在电气上是连接在一起的。

2．数字接地端(Digital Ground)

Multisim 在进行数字电路"Real"仿真时，电路中的数字元件要接上示意性的电源，数字接地端是该电源的参考点。

3．VCC 电压源(VCC Voltage Source)

VCC 电压源是直流电压源的简化符号，常用于为数字元件提供电能或逻辑高电平，也可为模拟电路提供直流电源。

4．VDD 电压源(VDD Voltage Source)

VDD 电压源与 VCC 电压源基本相同，当为 CMOS 器件提供直流电源进行"Real"仿真时，只能用 VDD 电压源。

5．直流电压源(DC Voltage Source)

直流电压源是一个理想电压源，使用时允许短路，但电压值降为 0。双击直流电压源可打开其属性框，在 Value 页可以设置其电压值，在 Label 页可以设置其标号，在 Display 页可以选择显示的内容，在 Fault 页可以设置其故障，故障设置页如图 3-2 所示。

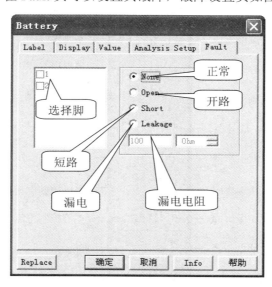

图 3-2　电源故障设置框

6．直流电流源(DC Current Source)

直流电流源是一个理想电流源，使用时允许开路，但电流值降为 0。

7．交流电压源(AC Voltage Source)

交流电压源是一个正弦交流电压源，电压、频率、初相等参数均可在其属性框中设置，属性对话框中的 Voltage 是指最大值，而 Voltage RMS 则是有效值，两者只需设其一，另一个程序会自动给出。

8．交流电流源(AC Current Source)

交流电流源是一个正弦交流电流源。

9．时钟电压源(Clock Source)

时钟电压源实质上是一个幅度、频率及占空比均可调节的矩形波发生器，常作为数字电路的时钟信号，其参数可在其属性对话框中设置。

10．调幅信号源(AM Source)

调幅信号源是产生正弦波调制的调幅信号源。

11．调频电压源(FM Voltage Source)

调频电压源是提供调频电压的信号源。

12．调频电流源(FM Current Source)

调频电流源是提供调频电流的信号源。

13．FSK 信号源(FSK Source)

当输入信号为二进制码"1"时，输出频率为 f_1 的正弦波；当输入信号为二进制码"0"时，输出频率为 f_2 的正弦波。f_1、f_2 及正弦波峰值电压可在其属性框中设置。属性框设置如图 3-3 所示，测得 FSK 的波形如图 3-4 所示。

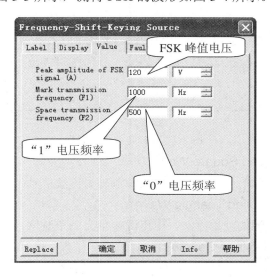

图 3-3　FSK 属性设置框

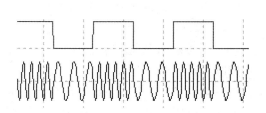

图 3-4　FSK 信号波形

14．电压控制正弦波电压源(Voltage Controlled Sine Wave)

该电压源产生的是一正弦波电压，但其频率受外加电压的控制，具体控制情况可打开其属性框进行设置，如图 3-5 所示。当前设置为：当输入为 0 V 时，输出频率为 1000 Hz 的信号；当输入信号为 2 V 时，输出频率为 50 Hz 的信号，输出信号的最小值为 −1 V，最大值为 1 V。连接测试电路见图 3-6，该电源的受控电压波形如图 3-7 所示。

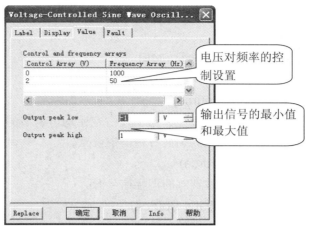

图 3-5　压控正弦信号源参数设置

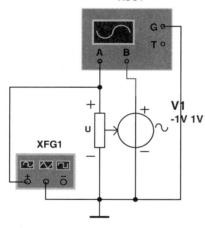

图 3-6　测试电路

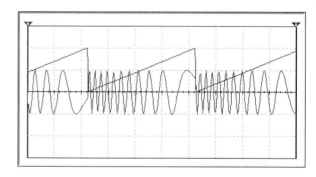

图 3-7　压控正弦信号波形

15．电压控制方波电压源(Voltage Controlled Square Wave)

该电压源的使用方法类似于压控正弦信号源的使用方法，电压源输出为方波信号。

16．电压控制三角波电压源(Voltage Controlled Triangle Wave)

该电压源的使用方法类似于压控正弦信号源的使用方法，电压源输出为三角波信号。

17．电压控制电压源(Voltage Controlled Voltage Source)

该电压源的输出电压大小受输入电压控制，在 Value 页可以设置电压的比值，即电压增益。

18．电压控制电流源(Voltage Controlled Current Source)

该电流源的输出电流大小受输入电压控制。

19．电流控制电压源(Current Controlled Voltage Source)

该电压源的输出电压大小受输入电流控制。

20．电流控制电流源(Current Controlled Current Source)

该电流源的输出电流大小受输入电流控制。

21．脉冲电压源(Pulse Voltage Source)

脉冲电压源是一种输出脉冲参数可配置的周期性电源，通过属性框 Value 页可设置其各参数，如图 3-8 所示。

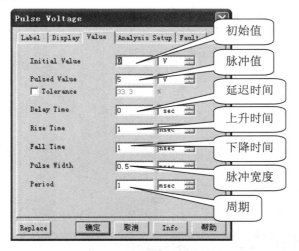

图 3-8　脉冲电压源参数设置

22．脉冲电流源(Pulse Current Source)

脉冲电流源与脉冲电压源类似，不过输出的是脉冲电流。

23．指数电压源(Exponential Voltage Source)

指数电压源是一种参数可设置的按指数规律变化的电压源，其属性框类似于脉冲电压源的，在其 Value 页可对其各参数进行设置。注意：该电压源不是周期性的。

24 指数电流源(Exponential Current Source)

指数电流源的输出为按指数规律变化的电流。

25．分段线性电压源(Piecewise Linear Voltage Source)

分段线性电压源即 PWL 信号源，通过设置不同的时间及电压值，可控制输出电压的波形。其参数设置框如图 3-9 所示。

图 3-9　PWL 信号源参数设置

产生 PWL 信号波形的方式有两种:

➢ Open Data File 方式: 先直接用文本编辑 TXT 文档, 输入时间电压对, 时间和电压的中间用若干空格隔开并保存, 然后点击 Browse 按钮调用即可。

➢ Enter Point 方式: 在属性框界面表格中直接填写时间电压对。

下面用第一种方式产生 PWL 信号波形。

打开记事本, 在记事本中输入以下时间电压对:

0	0
0.1	0
0.10001	1
0.2	1
0.3	2
0.4	2
0.5	0

保存文件, 在 Multisim 中调用并仿真, 用示波器观察该 PWL 波形, 如图 3-10 所示。

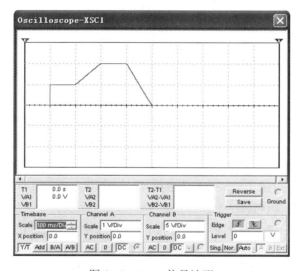

图 3-10　PWL 信号波形

26. 分段线性电流源(Piecewise Linear Current Source)

分段线性电流源除输出是电流外, 其余与分段线性电压源相同。

27. 压控分段线性电压源(Voltage Controlled Piecewise Linear Source)

该电压源是一个分段压控线性电压源, 可以在其属性框中输入控制电压和对应的输出电压。

28. 受控单脉冲(Controlled One_Shot)

该电源能将输入的波形信号变换成幅度和脉冲宽度可控的脉冲信号。属性框参数设置如图 3-11 所示。输入端"┌┐"输入波形信号, 当输入端波形超过触发电平时, 输出端就被触发输出高电平; 输入端"＋"用来控制输出脉冲的宽度; 输入端"C"为控制端, 低电平时允许脉冲输出, 高电平时阻止脉冲触发。

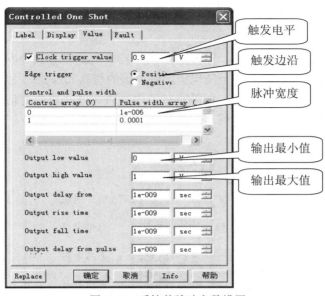

图 3-11　受控单脉冲参数设置

29．多项式电压源(Polynomial Source)

该电压源的输出电压是一个取决于多个输入信号电压的受控电压源，有 V_1、V_2、V_3 三个电压输入端，一个电压输出端，输出电压与输入电压之间的函数关系为

$$V_{\mathrm{OUT}} = A + BV_1 + CV_2 + DV_3 + EV_1^2 + FV_1V_2 + GV_1V_3$$
$$+ HV_2^2 + IV_2V_3 + JV_3^2 + KV_1V_2V_3$$

打开其属性框，可在 Value 页中设置 A、B、C、……的值。

30．非线性相关电源(Nonlinear Dependent Source)

该电源的输出可以是电压也可以是电流，输出是三个输入电压和两个输入电流的函数，函数关系可以在其属性框中设置，如图 3-12 所示。

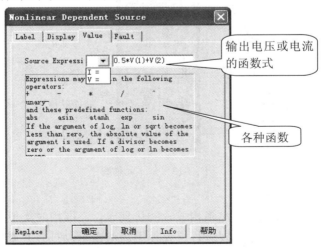

图 3-12　非线性相关电源属性框

3.1.2　基本元件库

点击基本元件库(Basic)图标 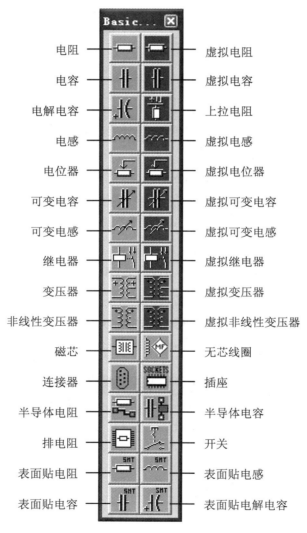，展开后如图 3-13 所示。基本元件库中包含现实元件箱 22 个，每个现实元件箱中存放若干个与现实元件一致的仿真元件供选用。库中还有 10 个虚拟元件箱，其中的元件不需要选择，而是直接调用后再通过其属性对话框设置参数。虚拟元件箱带有绿色衬底。选择元件时应尽量选择现实元件箱中的元件，使仿真更接近于现实情况。

电阻 —　　　　　— 虚拟电阻
电容 —　　　　　— 虚拟电容
电解电容 —　　　　　— 上拉电阻
电感 —　　　　　— 虚拟电感
电位器 —　　　　　— 虚拟电位器
可变电容 —　　　　　— 虚拟可变电容
可变电感 —　　　　　— 虚拟可变电感
继电器 —　　　　　— 虚拟继电器
变压器 —　　　　　— 虚拟变压器
非线性变压器 —　　　　　— 虚拟非线性变压器
磁芯 —　　　　　— 无芯线圈
连接器 —　　　　　— 插座
半导体电阻 —　　　　　— 半导体电容
排电阻 —　　　　　— 开关
表面贴电阻 —　　　　　— 表面贴电感
表面贴电容 —　　　　　— 表面贴电解电容

图 3-13　基本元件库

1．电阻(Resistor)

电阻箱中放置着参数与现实电阻相一致的仿真元件，取用时类似于有许多不同阻值的现实电阻提供给使用者，根据需要进行选择使用。双击可以打开其属性框，但一般情况下不能改变其阻值，除非修改模型参数。

2．虚拟电阻(Resistor Virtual)

虚拟电阻的阻值可以在其属性框中进行改变(见图 3-14)，还可以设置其温度特性，其表达式为

$$R = R_0 \times [1 + TC_1 \times (T - T_0) + TC_2 \times (T - T_0)^2]$$

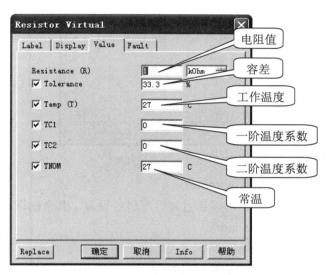

图 3-14　虚拟电阻的属性框

3．电容(Capacitor)

电容箱中的电容是无极性的，参数只能选用，一般不能改动，也没有考虑温度系数。

4．虚拟电容(Capacitor Virtual)

与虚拟电阻类似，参数值可通过属性框进行设置，还可考虑温度特性和容差。

5．电解电容(CAP_Electrolit)

电解电容是一种带极性的电容。仿真元件没有电压限制，但现实元件都有一定的耐压。

6．上拉电阻(Pullup)

上拉电阻一端接 VCC(+5 V)，另一端接逻辑电路中的一个点，使该点电压接近 VCC 即可。

7．电感(Inductor)

电感在使用时与现实电阻类似，要进行选择，参数不能改动。

8．虚拟电感(Inductor Virtual)

虚拟电感在使用时与虚拟电阻类似，参数可以设置。

9．电位器(Potentiometer)

电位器即可变电阻，其阻值可以进行调节。元件的阻值是两个固定端之间的值，百分比指的是滑动点与其指向端点间的阻值占总电阻的百分数。百分数可以通过"key=a"来调整，按动键盘上的 a 键按一定百分数减少，按 shift+a 键增加百分数来进行改变。字母和增减的比例可以在属性框中设置，属性框如图 3-15 所示。

图 3-15　电位器属性框

10．虚拟电位器(Virtual Potentiometer)

虚拟电位器两固定端之间的值可以通过属性框进行设置，其余的同电位器。

11．可变电容(Variable Capacitor)

可变电容的设置类似于电位器。

12．虚拟可变电容(Virtual Variable Capacitor)

虚拟可变电容的值可以通过属性框进行设置。

13．可变电感(Variable Inductor)

可变电感的设置方法类似于电位器。

14．虚拟可变电感(Virtual Variable Inductor)

虚拟可变电感的值可以通过属性框进行设置。

15．继电器(Relay)

不同型号的继电器，其开关的开断电压是不同的，且不能改动。如型号为 EDR201A05 的继电器，在 Component Browser 中点击 Detail Report 可查阅到它的相关信息，如图 3-16 所示。其 Coil_Vpull=3.75，Coil_Vdrop=0.8，由此可知开关的闭合电压是 3.75 V，开关的断开电压是 0.8 V。

```
Family        : RELAY
Name          : EDR201A05
Model Audit   : 02/17/00;JVT;
Manufacturer  : ECE
Description   : Coil_Vmax=16
              : Coil_Vpull=3.75
              : Coil_Vdrop=0.8
              : Coil_R=500
              : Contact_Imax=0.5
```

图 3-16　EDR201A05 型号继电器的相关信息

16．虚拟继电器(Virtual Relay)

虚拟继电器开关断开和闭合的电压以及其他参数可以在其属性框中设置。

17．变压器(Transformer)

变压器的变比 $N = V_1/V_2$，该元件箱中的变压器的变比不能变动，使用时通常要求变压器的两边都接地。

18．虚拟变压器(Virtual Transformer)

虚拟变压器的变比可以在其属性框中设置，其余同变压器一样使用。

19．非线性变压器(Nonlinear Transformer)

非线性变压器即空心变压器。

20．虚拟非线性变压器(Virtual Nonlinear Transformer)

虚拟非线性变压器是一个电磁参数可设置的变压器，如设置非线性磁饱和、初次级线圈损耗、初次级线圈漏感等电磁参数。

21．磁芯(Magnetic Core)

磁芯是一个理想化的模型，具体的磁芯参数可以设置。最典型的应用是把磁芯和无芯线圈或空芯变压器结合在一起构成一个系统，模拟线性和非线性的电磁元件。

22．无芯线圈(Coreless Coil)

利用无芯线圈可创建一个理想的电磁感应电路模型，线圈匝数可在其属性框中设置。

23．连接器(Connectors)

连接器是一种机械装置，用以给输入和输出信号提供连接方式，不会对仿真产生影响，但可随电路原理图传递到 PCB 中。

24．插座(Sockets)

插座为集成电路等标准形状的插件提供位置，可随电路原理图传递到 PCB 中。

25．半导体电阻(Resistor Semiconductor)

(略)

26．半导体电容(Capacitor Semiconductor)

(略)

27．排电阻(Resistor Packs)

排电阻也称为封装电阻，8 个电阻并列封装在一个壳内，具有相同的电阻值。

28．开关(Switch)

可通过设置的控制键来控制开关的通断状态。

3.1.3　二极管库

二极管库中有 12 个元件箱，点击二极管库(Diodes)图标 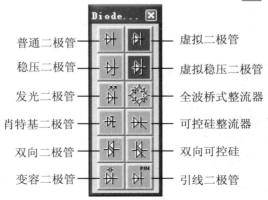，展开后如图 3-17 所示。

图 3-17　二极管库

1. 普通二极管(Diode)

普通二极管为参数仿真实际的二极管，选取使用。

2. 虚拟二极管(Diode Virtual)

虚拟二极管相当于一个理想二极管。

3. 稳压二极管(Zener Diode)

稳压二极管仿真国外各大公司的众多型号，元件可直接选取调用。点击其属性对话框中的 Edit Model 按钮，在打开的 Edit Model 对话框中可读出其有关参数。

4. 虚拟稳压二极管(Zener Diode Virtual)

这是一个理想的稳压二极管，稳压值可以在其属性框中设置。

5. 发光二极管(Light-Emitting Diode)

发光二极管元件箱含有 6 种不同颜色的发光二极管。当有正向电流流过时才产生可见光。注意：其正向压降比普通二极管大。

6. 全波桥式整流器(Full-Wave Bridge Rectifier)

全波桥式整流器俗称桥堆。

7. 肖特基二极管(Schotiky Diode)

肖特基二极管通常作为开关二极管。

8. 可控硅整流器(Silicon-Controlled Rectifier，SCR)

可控硅整流器又称为晶闸管。

9. 双向二极管(DIAC)

双向二极管相当于两个背靠背的肖特基二极管并联，是依赖于双向电压的双向开关。

10. 双向可控硅(TRIAC)

双向可控硅相当于两个背靠背的单向可控硅并联。

11. 变容二极管(Varactor Diode)

变容二极管是一种在反偏时具有相当大的结电容的 PN 结二极管，这个结电容的大小受加在变容二极管两端的反偏电压的控制。

12. 引线二极管(Pin-Diode)

(略)

3.1.4　晶体管库

晶体管库中包含了各种类型的三极管和 MOS 管，共有 34 个元件箱。点击晶体管库(Transistors)图标 ，展开后如图 3-18 所示。

1. 达林顿管阵列(Darlington Array)

达林顿管阵列提供大的驱动电流，可带动大的负载。

2. NPN 晶体管(BJT_NPN)

双极性的晶体管用 BJT 表示，有 NPN 和 PNP 两种类型。该元件箱中的元件仿真各生产厂家的具体型号，选取使用。

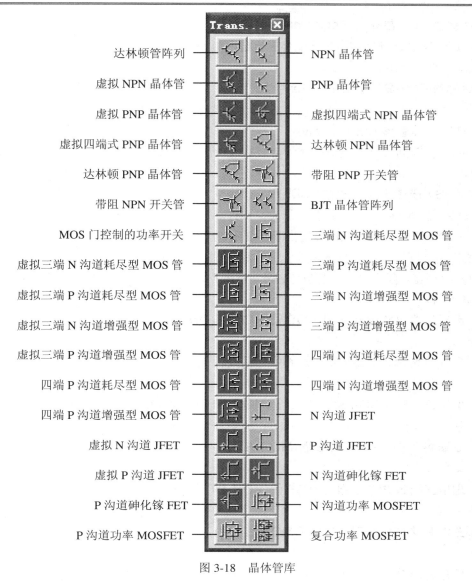

图 3-18　晶体管库

左列（从上到下）：达林顿管阵列、虚拟 NPN 晶体管、虚拟 PNP 晶体管、虚拟四端式 PNP 晶体管、达林顿 PNP 晶体管、带阻 NPN 开关管、MOS 门控制的功率开关、虚拟三端 N 沟道耗尽型 MOS 管、虚拟三端 P 沟道耗尽型 MOS 管、虚拟三端 N 沟道增强型 MOS 管、虚拟三端 P 沟道增强型 MOS 管、四端 P 沟道耗尽型 MOS 管、四端 P 沟道增强型 MOS 管、虚拟 N 沟道 JFET、虚拟 P 沟道 JFET、P 沟道砷化镓 FET、P 沟道功率 MOSFET

右列（从上到下）：NPN 晶体管、PNP 晶体管、虚拟四端式 NPN 晶体管、达林顿 NPN 晶体管、带阻 PNP 开关管、BJT 晶体管阵列、三端 N 沟道耗尽型 MOS 管、三端 P 沟道耗尽型 MOS 管、三端 N 沟道增强型 MOS 管、三端 P 沟道增强型 MOS 管、四端 N 沟道耗尽型 MOS 管、四端 N 沟道增强型 MOS 管、N 沟道 JFET、P 沟道 JFET、N 沟道砷化镓 FET、N 沟道功率 MOSFET、复合功率 MOSFET

3．虚拟 NPN 晶体管(BJT_NPN_Virtual)

虚拟 NPN 晶体管为理想元件，参数可在 Edit Modle 对话框中设置。

4．PNP 晶体管(BJT_PNP)

(略)

5．虚拟 PNP 晶体管(BJT_PNP_Virtual)

(略)

6．虚拟四端式 NPN 晶体管(BJT_NPN_4T_Virtual)

(略)

7．虚拟四端式 PNP 晶体管(BJT_PNP_4T_Virtual)

(略)

8．达林顿 NPN 晶体管(Darlington_NPN)

达林顿 NPN 晶体管又称为复合晶体管，它由两个晶体管连接而成，可获得很大的电流增益和很高的输入电阻。

9．达林顿 PNP 晶体管(Darlington_PNP)

(略)

10．BJT 晶体管阵列(BJT Array)

BJT 晶体管阵列是将若干个晶体管封装在了一起，在具体使用时，可根据需要选用其中的几只。

11．MOS 门控制的功率开关(IGBT)

IGBT 是一种 MOS 门控制的功率开关，具有非常小的导通阻抗。

12．三端 N 沟道耗尽型 MOS 管(MOS_3TDN)

MOS 管是金属氧化物绝缘栅场效应管的简称，根据沟道的不同有 P 沟道和 N 沟道之分；根据沟道是否存在，有耗尽型和增强型之分。三端 MOS 管是将其衬底和源极在内部连接在一起的 MOS 管。

13．虚拟三端 N 沟道耗尽型 MOS 管(MOS_3TDN_ Virtual)

(略)

14．三端 P 沟道耗尽型 MOS 管(MOS_3TDP)

(略)

15．虚拟三端 P 沟道耗尽型 MOS 管(MOS_3TDP_ Virtual)

(略)

16．三端 N 沟道增强型 MOS 管(MOS_3TEN)

(略)

17．虚拟三端 N 沟道增强型 MOS 管(MOS_3TEN_ Virtual)

(略)

18．三端 P 沟道增强型 MOS 管(MOS_3TEP)

(略)

19．虚拟三端 P 沟道增强型 MOS 管(MOS_3TEP_ Virtual)

(略)

20．四端 N 沟道耗尽型 MOS 管(MOS_4TDN)

四端 MOS 管是将衬底作为电极单独引出的 MOS 管。

21．四端 P 沟道耗尽型 MOS 管(MOS_4TDP)

(略)

22．四端 N 沟道增强型 MOS 管(MOS_4TEN)

(略)

23．四端 P 沟道增强型 MOS 管(MOS_4TEP)

(略)

24．N 沟道 JFET(JFET_N)

JFET 是指结型场效应管，有 N 沟道和 P 沟道之分。

25．虚拟 N 沟道 JFET(JFET_N_ Virtual)

(略)

26．P 沟道 JFET(JFET_P)

(略)

27．虚拟 P 沟道 JFET(JFET_P_ Virtual)

(略)

28．N 沟道砷化镓 FET(GaAsFET_N)

砷化镓场效应管(GASFET)属于高速场效应管，通常用在微波电流中。

29．P 沟道砷化镓 FET(GaAsFET_P)

(略)

30．N 沟道功率 MOSFET(Power MOS_N)

MOSFET 的门限电压通常在 2～4 V 之间，与 BJT 功率管相比，它没有二次击穿问题，也不需要大的驱动电流，速度上也高于 BJT 功率管。

31．P 沟道功率 MOSFET(Power MOS_P)

(略)

32．复合功率 MOSFET

复合功率 MOSFET 是由 N 沟道功率 MOSFET 和 P 沟道功率 MOSFET 复合而成的功率 MOSFET。

3.1.5　模拟元件库

模拟元件库(Analog)包含了各种模拟集成元件，共有 9 个元件箱，其中 4 个是虚拟元件箱。点击模拟元件库图标 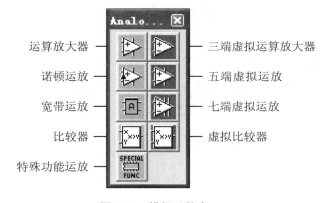，展开后如图 3-19 所示。

运算放大器 —— 三端虚拟运算放大器
诺顿运放 —— 五端虚拟运放
宽带运放 —— 七端虚拟运放
比较器 —— 虚拟比较器
特殊功能运放

图 3-19　模拟元件库

1．运算放大器(Opamp)

该元件箱中有五端、七端和八端 3 种运算放大器(运放)，其中八端运放为双运放。

2．三端虚拟运算放大器(Opamp3 Virtual)

三端运放是一种虚拟元件，其仿真速度比较快。

3．诺顿运放(Norton Opamp)

诺顿运放即电流差分放大电路，相当于一个输出电压正比于输入电流的互阻放大器。

4．五端虚拟运放(Opamp5 Virtual)

五端虚拟运放比三端运放增加了正电源、负电源两个端子。

5．宽带运放(Wide Bandwidth Amplifiers)

宽带运放为普通运算放大器，如 741 型运放。

6．七端虚拟运放(Opamp7 Virtual)

七端虚拟运放与五端虚拟运放相比，又多了 COMP1 和 COMP2 两个输出端子。

7．比较器(Comparator)

该元件的功能是比较两个输入端电压的大小和极性，并输出对应的状态。

8．虚拟比较器(Comparator Virtual)

虚拟比较器仅有 X 和 Y 两个输入端，一个输出端。当 X>Y 时，输出高电平，否则输出低电平。

9．特殊功能运放(Special Function)

该元件箱中有许多应用在具体环节的运放，如视频运放、前置运放、测试运放、有源滤波器等。

3.1.6　TTL 元件库

TTL 元件库含有 74 系列的 TTL 数字集成逻辑器件。其中含有六大系列 TTL 元件，点击 TTL 元件库图标，展开 TTL 元件库如图 3-20 所示。其中 74 是普通型集成电路，74LS 是低功耗肖特基型集成电路。

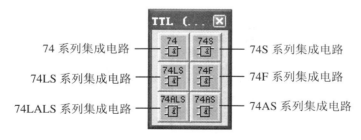

74 系列集成电路　　　　　　　74S 系列集成电路
74LS 系列集成电路　　　　　　74F 系列集成电路
74LALS 系列集成电路　　　　　74AS 系列集成电路

图 3-20　TTL 元件库

3.1.7　CMOS 元件库

点击 CMOS 元件库图标，展开后如图 3-21 所示。CMOS 元件库含有 74 系列和 4XXX 系列的 CMOS 数字集成逻辑器件。注意：在欧式符号下 10 V 和 15 V 的 4XXX 系统 CMOS 逻辑器件元件箱的图标误写为 5 V 图标。

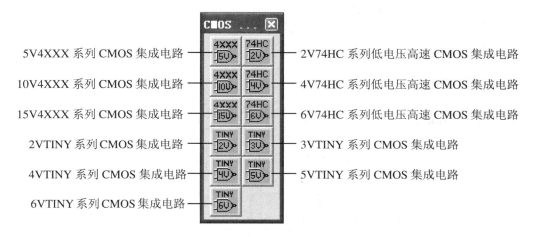

图 3-21　CMOS 元件库

3.1.8　其他数字元件库

点击其他数字元件库图标 ⟦⟧，展开后如图 3-22 所示。

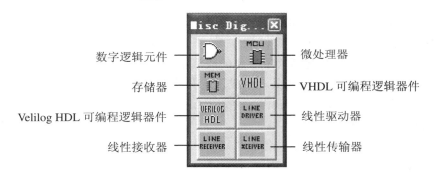

图 3-22　其他数字元件库

1．数字逻辑元件(TTL Components)

该元件箱中存放有虚拟的 TTL 基本电路，如与门、或门、非门等。

2．微处理器(Microcontrollers)

该元件箱中存放有微处理器集成芯片。

3．VHDL 可编程逻辑器件(VHDL)

该元件箱中存放着用硬件描述语言 VHDL 编写模型的常用数字逻辑元件。使用时需另外购买 VHDL 模块。

4．Velilog HDL 可编程逻辑器件(Velilog HDL)

该元件箱中存放着用硬件描述语言 Verilog HDL 编写模型的常用数字逻辑元件。使用时需另外购买 Verilog HDL 模块。

5．线性驱动器(Line Driver)

(略)

6．线性接收器(Line Receiver)

(略)

7．线性传输器(Line Transceiver)

(略)

3.1.9　数字模拟混合库

点击数字模拟混合库图标 ，展开后如图 3-23 所示。

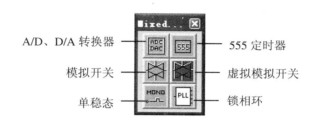

图 3-23　数字模拟混合库

1．A/D、D/A 转换器(ADC_DAC)

该工具箱中存放着常见的 3 种类型模/数、数/模转换器。

(1) ADC：将输入的模拟信号转换成 8 位的数字信号输出。

(2) IDAC：将数字信号转换成与其大小成正比例的模拟电流。

(3) VDAC：将数字信号转换成与其大小成正比例的模拟电压。

2．555 定时器(Timer)

555 定时器是一种用途十分广泛的集成芯片。

3．模拟开关(Analog Swich)

模拟开关是一种在特定的两控制电压之间以对数规律改变的电阻器。

4．虚拟模拟开关(Analog Swich Virtual)

(略)

5．单稳态(Monostable)

该元件是边沿触发脉冲产生电路，被触发后产生固定宽度的脉冲信号，脉冲宽度由 RC 定时电路控制。

6．锁相环(Phase-Locked Loop)

该元件模型用来实现锁相环路的功能，它由压控检测电路和低通滤波器组成。

3.1.10　指示部件库

点击指示部件库图标 ，展开后如图 3-24 所示。

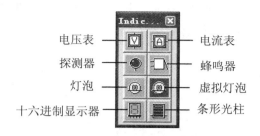

图 3-24　指示部件库

1．电压表(Voltmeter)

该表可用来测量交、直流电压。

2．电流表(Ammeter)

该表可用来测量交、直流电流。

3．探测器(Probe)

探测器相当于一个 LED(发光二极管)，它仅有一个端子，可将其连接到电路中某个点。当该点电平达到高电平时便发光指示，可用来显示数字电路中某点电平的状态。

4．蜂鸣器(Buzzer)

该器件用计算机自带的扬声器模拟压电蜂鸣器。当加在其端口的电压超过设定值时，压电蜂鸣器就按设定的频率鸣响。

5．灯泡(Lamp)

其额定电压和功率不可设置，这里额定电压指的是交流电的最大值。当加在灯泡上的电压大于额定电压的 50%而小于额定电压时，灯泡一边亮；而当外加电压大于额定电压而小于 150%额定电压值时，灯泡两边亮；而当外加电压超过 150%额定电压值时，灯泡被烧毁。灯泡烧毁后不能恢复，只能选取新的灯泡。

6．虚拟灯泡(Virtual Lamp)

该元件的工作电压及功率可由用户在属性对话框中设置，其余与现实灯泡相同。

7．十六进制显示器(Hex Display)

十六进制显示器能显示 0～F 之间的 16 个数字，它有 3 种类型：

➤ (DCD_HEX)：带译码的七段数码显示器，有 4 条引脚线，从左至右，分别对应 4 位二进制数的最高位至最低位。

➤ SEVEN_SEG_COM_K：共阴七段数码显示器。

➤ SEVEN_SEG_DISPLAY：共阳七段数码显示器。

8．条形光柱(Bargraph)

➤ DCD_BARGAPH：带译码的条形光柱，相当于 10 个 LED 发光管串联，但只有一个阳极(左边端子)和一个阴极(右边端子)。当电压超过某个电压值时，相应的 LED 之下的数个 LED 全部点亮。

➤ LVL_ BARGAPH：通过电压比较器来检测输入电压的高低，并把检测结果送到光柱中某个 LED 以显示电压高低。其余与 DCD_ BARGAPH 相同。

➢ UNDCD_BARGAPH：不需译码的条形光柱，由 10 个 LED 发光管同向并排排列，但分别连接，左侧为阳极，右侧为阴极。LED 发光管正向压降为 2 V。

3.1.11　杂项元器件库

点击其他部件库图标 ，展开后如图 3-25 所示。

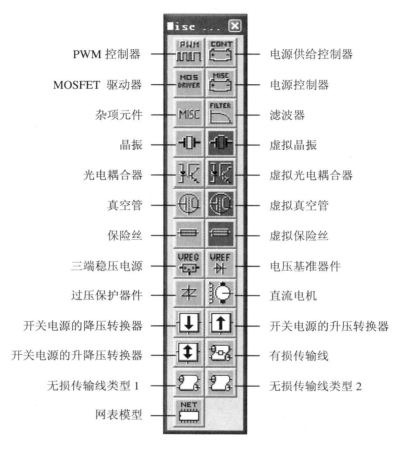

PWM 控制器　　　　　　　　　　电源供给控制器
MOSFET 驱动器　　　　　　　　　电源控制器
杂项元件　　　　　　　　　　　　滤波器
晶振　　　　　　　　　　　　　　虚拟晶振
光电耦合器　　　　　　　　　　　虚拟光电耦合器
真空管　　　　　　　　　　　　　虚拟真空管
保险丝　　　　　　　　　　　　　虚拟保险丝
三端稳压电源　　　　　　　　　　电压基准器件
过压保护器件　　　　　　　　　　直流电机
开关电源的降压转换器　　　　　　开关电源的升压转换器
开关电源的升降压转换器　　　　　有损传输线
无损传输线类型 1　　　　　　　　无损传输线类型 2
网表模型

图 3-25　杂项元器件库

1. 晶振(Crystal)

晶振箱中放置了多个振荡频率的现实晶振，可根据需要灵活选用。

2. 虚拟晶振(Crystal Virtual)

虚拟晶振模型参数选取了典型值(LS = 0.00254648，CS = 9.9718e −014，RS = 6.4，CO=2.868e −011)，其振荡频率为 10 MHz。

3. 光电耦合器(Optocoupler)

光电耦合器是一种利用光把信号从输入端耦合到输出端的器件。

4. 虚拟光电耦合器(Optocoupler Virtual)

输出电流可设置的虚拟光电耦合器。

5．真空管(Vacuum Tube)

真空管有三个电极：阴极 K 被加热后发射电子，阳极 P 收集电子，栅极 G 控制到达阳极的电子数量。

6．虚拟真空管(Vacuum Tube Virtual)

(略)

7．保险丝(Fuse)

保险丝箱中存放有各种规格的保险丝。

8．虚拟保险丝(Virtual Fuse)

虚拟保险丝为熔断电流可设置的保险丝。

9．三端稳压电源(Voltage Regulator)

(略)

10．电压基准器件(Voltage Reference)

(略)

11．过压保护器件(Voltage Suppressor)

(略)

12．直流电机(Motor)

该器件是理想直流电机的通用模型，用以仿真直流电机在串联激励、并联激励和分开激励下的特性。

13．开关电源的降压转换器(Buck Converter)

(略)

14．开关电源的升压转换器(Boost Converter)

(略)

15．开关电源的升降压转换器(Buck Boost Converter)

该器件对 DC 电压进行升压或降压转换。

16．有损传输线(Lossy Transmission Line)

有损传输线是一个模拟有损媒介的两端口网络，如通过电信号的一段导线。

17．无损传输线类型 1(LossLess Line Type1)

该模型模拟理想状态下传输线的特性阻抗和传输延迟特性，而且特性阻抗是纯电阻性的。

18．无损传输线类型 2(LossLess Line Type2)

该模型与无损传输线类型 1 相似。

19．网表模型(Net)

网表模型是一个创建模型的模板，允许用户输入 1～20 个引脚的网表。

3.1.12　数学控制模型库

点击数学控制模型库图标，展开后如图 3-26 所示。

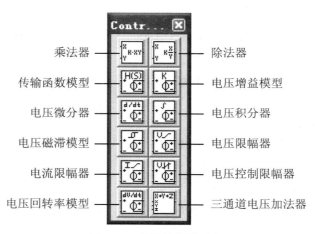

图 3-26　数学控制模型库

1. 乘法器(Multiplier)

该器件的输出 V_O 等于 V_x 与 V_y 的乘积，即

$$V_O = K[X_K(V_x + X_{OFF}) \times Y_K(V_y + Y_{OFF})] + V_{OFF}$$

2. 除法器(Divider)

该器件的输出 V_O 等于 V_x 除以 V_y 的商，即

$$V_O = K \frac{Y_K(V_y + Y_{OFF})}{X_K(V_x + X_{OFF})} + V_{OFF}$$

3. 传输函数模型(Transfer Function Block)

该器件的功能是模拟在 S 域中一个电子器件、电路或系统的传输特性，其数学模型为

$$T(s) = \frac{Y(s)}{X(s)} = K \times \frac{A_3 s^3 + A_2 s^2 + A_1 s^1 + A_0 s^0}{B_3 s^3 + B_2 s^2 + B_1 s^1 + B_0 s^0}$$

4. 电压增益模型(Voltage Gain Block)

该器件的功能是将输入电压扩大 K 倍后传递给输出端，K 值与频率无关。

5. 电压微分器(Voltage Differentiator)

该器件的功能是对输入电压求微分。

$$V_O = K \times \frac{dV_I}{dt} + V_{OFF}$$

6. 电压积分器(Voltage Integrator)

该器件对输入电压进行积分并将结果传递到输出端。

$$V_O = K \int_0^t (V_I(t) + V_{IOFF}) \, dt + V_{OIC}$$

7. 电压磁滞模型(Voltage Hysterisis Block)

该模型仿真同相比较器的功能，它提供了输出电压相对输入电压的滞回。V_{IH} 和 V_{IL} 分别设置输入电压的高、低门限值。

8．电压限幅器(Voltage Limiter)

该器件表示输出电压 V_{OUT} 在预定的上限电压 V_U 和下限电压 V_L 范围内变化，输出电压 V_{OUT} 与输入电压 V_{IN} 之间关系如下：

$$V_{OUT} = K\,(V_{IN} + V_{IOFF}) \qquad\qquad (V_L \leqslant V_{OUT} \leqslant V_U)$$
$$V_{OUT} = V_U \qquad\qquad\qquad\qquad (V_{OUT} > V_U)$$
$$V_{OUT} = V_L \qquad\qquad\qquad\qquad (V_{OUT} < V_L)$$

9．电流限幅器(Current　Limiter Block)

该器件是一个电流限幅器。

10．电压控制限幅器(Voltage Controlled Limiter)

该器件是一个电压限幅器，具有电压单入，单出的函数关系。输出电压的偏移被限制在设定的上限、下限电平之间，输出电压的平滑性发生在预定的范围内。

11．电压回转率模型(Voltage Slew Rate Bolck)

该模块的功能是模拟放大器或系统中输出电压对时间的最大变化率。

12．三通道电压加法器(Three Way Voltage Summer)

该器件是一个数学功能块，其输出电压等于 3 个输入电压的算术之和。其数学表达式为

$$V_{OUT} = K_{OUT}[K_A(V_A + V_{AOFF}) + K_B(V_B + V_{BOFF}) + K_C(V_C + V_{COFF}) + V_{OOFF}$$

3.1.13　射频器件库

当信号的频率足够高时，电路中元器件的模型要产生质的改变。射频器件库中提供了射频元件模型，点击射频器件库图标 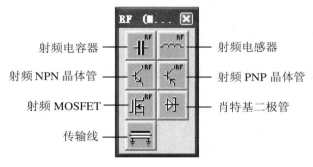，展开后如图 3-27 所示。

图 3-27　射频器件库

1．射频电容器(RF Capacitor)

在射频电路中，RF 电容的性能不同于低频状态下的常规电容，它同作许多传输线、波导、不连续器件和电介质之间的一种连接。

2．射频电感器(RF Inductor)

在众多的射频电感中，螺旋形的电感提供了较高的电感量和 Q 值。

3．射频 NPN 晶体管(RF BJT_NPN)

射频双极型(NPN)晶体管的基本工作原理与低频段的晶体管相同。然而，射频晶体管有一个取决于基极和集电极的转换和充电次数较高的最大工作频率。

4．射频 PNP 晶体管(RF BJT_PNP)

(略)

5．射频 MOSFET(RF MOS_3TDN)

射频 MOSFET 管与双极型晶体管相比，有不同的载流子。

6．肖特基二极管(Tunnel Diode)

(略)

7．传输线(Strip Line)

传输线在微波频段是很常用的传导线。

3.1.14　机电类元件库

机电类元件库中有 8 个元件箱，包含一些电工类器件。点击机电类元件库图标 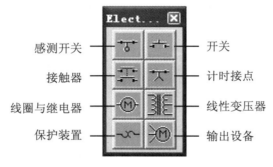，展开后如图 3-28 所示。

感测开关 ———　　　———— 开关

接触器 ———　　　———— 计时接点

线圈与继电器 ———　　　———— 线性变压器

保护装置 ———　　　———— 输出设备

图 3-28　机电类元件库

1．感测开关(Sensing Switches)

该类的开关都可以通过键盘上的一个键来控制其断开或闭合，这个键的设置需打开所选开关的属性对话框，在 Value tab 栏内输入字母 A～Z、Space 或 Enter 之一即可。

当反复按键盘上对应的键时，感测开关将反复开合。

2．开关(Switches)

开关与感测开关不同之处在于按键盘上对应的键使开关断开或闭合后，状态在整个仿真过程中一直保持不变。如要恢复初始状态，只有删除这个开关，重新从元件库中调用。

3．接触器(Supplementary Contacts)

接触器的基本操作方法与感测开关相同。

4．计时接点(Timed Contacts)

常开接点到时闭合，常闭接点到时断开。

5．线圈与继电器(Coils，Relay)

该元件箱中放置有电动机启动器线圈，前向或快速启动器线圈、反向启动器线圈、慢启动器线圈、控制继电器、时间延迟继电器等。

6．**线性变压器(Line Transformer)**

该元件箱中包含各种空芯类和铁芯类电感器及变压器。

7．**保护装置(Protection Devices)**

该元件箱中存放有各类保护装置，如：熔丝、过载保护器、热过载、磁过载、梯形逻辑过载等。

8．**输出设备(Output Devices)**

该元件箱中存放的输出设备有：发光指示器、电机、直流电机电枢、三相电机、加热器、LED 指示器等。

3.2　虚拟仪器的使用

虚拟仪器的使用是 Multisim 仿真软件最具特色的功能之一，这些虚拟仪器的面板不仅与现实仪器很相像，而且其基本操作也与现实仪器非常相似。在 Multisim 2001 的仪器库中共有 11 种虚拟仪器，分别是：数字万用表(Multimeter)、函数信号发生器(Function Generator)、瓦特表(Wattmeter)、示波器(Oscilloscope)、波特图仪(Bode Plotter)、字信号发生器(Word Generator)、逻辑分析仪(Logic Analyzer)、逻辑转换仪(Logic Converter)、频谱分析仪(Spectrum Analyzer)和网络分析仪(Network Anlyzer)。这些仪器可用于模拟、数字以及射频电路的测试。

虚拟仪器的调用可以使用菜单项 Simulate/Instruments 选择，但最常用的方法是使用时拖动仪器库中所需仪器的图标放置到工作界面，再对图标快速双击就可以打开该仪器的面板进行相应的设置。在 Multisim 的仪器库中，同一种虚拟仪器有多台可供调用，在同一个仿真电路中可运行调用多台相同的仪器。

3.2.1　数字万用表

1．**数字万用表简介**

数字万用表是最基本的仪表，它能完成交直流电压、电流和电阻的测量，也可以用分贝(dB)的形式显示电压和电流。点击数字万用表图标按钮(见图 3-29(a))，即可取出一个浮动的数字万用表，移至电路中相应位置后，按鼠标左键即可将它放置于该处。数字万用表的图标如图 3-29(b)所示，图标上的+、－两个端子就是连接测试线的端子。在使用数字万用表之前，需双击图标打开图 3-29(c)所示的数字万用表的面板进行设置。面板上包括六个功能按钮及一个设定按钮。点击相应的按钮，可以测量不同的物理量，具体功能如下。

A：测量电流；

V：测量电压；

Ω：测量电阻；

dB：测量分贝值；

〰️：测量交流；

▬：测量直流；

Set…：对万用表内部的参数进行设定。

按 Set 按钮后，出现参数设置对话框，如图 3-30 所示。

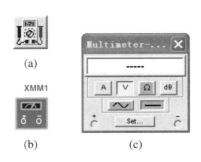

图 3-29　数字万用表按钮、图标和面板　　图 3-30　数字万用表内部的参数设置

面板上各项说明如下:

➢ Ammeter Resistance (R): 设置测试电流时表头的内阻。

➢ Voltmeter Resistance (R): 设置测试电压时表头的内阻。

➢ Ohmmeter Current(I): 设置测试电阻时流过表头的电流值。

➢ Ammeter Overrange(I): 设置电流表的测量范围。

➢ Voltmeter Overrange(V): 设置电压表的测量范围。

➢ Ohmmeter Overrange(R): 设置欧姆表的测量范围。

2. 数字万用表使用示例

【例 3-1】　电路如图 3-31 所示,用万用表测量电路中的电流和电阻 R2 两端的电压。

按图连接线路,XMM1 表串联在电路中,用来测量电路中的电流,双击打开其面板,点击 A 按钮和━━按钮选择直流电流挡测量;XMM2 表并联在 R2 的两端,用来测量电阻 R2 两端的电压,双击打开其面板,点击 V 按钮和━━按钮选择直流电压挡测量;打开仿真开关即可测得电流和电压值,如图 3-32 所示,测量结果与理论计算值一致。

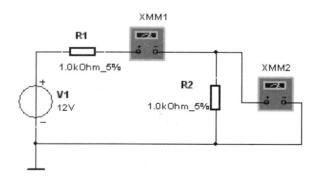

图 3-31　数字万用表测量电流和电压

XMM1　　　　　　　XMM2

图 3-32　测量结果

3.2.2 函数信号发生器

1. 函数信号发生器简介

函数信号发生器是电子实验室最常用的信号源，Multisim 2001 提供的函数信号发生器可以产生正弦波、三角波和方波三种信号，并可以设置占空比和偏移电压。点击函数信号发生器图标按钮(见图 3-30(a))，即可取出一个浮动的函数信号发生器，移至目的地后，按鼠标左键即可将它放置于该处。函数信号发生器图标如图 3-33(b)所示，三个接线端分别为：正极(+)、公共端(Common)和负极(−)。使用函数信号发生器时，需先双击函数信号发生器图标，打开如图 3-33(c)所示的函数信号发生器面板进行设定。面板上各项说明如下：

➢ Waveforms 区：选择输出信号的波形类型，有正弦波、三角波和方波 3 种信号供选择。

➢ Signal Options 区：对 Waveforms 区选取的信号进行相应的设置。

➢ Frequency：设置信号的频率。

➢ Duty Cycle：设置信号的占空比，仅适用于三角波和方波。

➢ Amplitude：设置信号的峰值。

➢ Offset：设置信号的偏置电压。

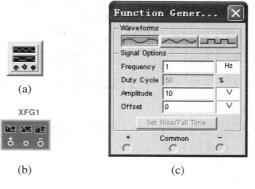

(a)

XFG1

(b)   (c)

图 3-33 函数信号发生器的按钮、图标和面板

➢ Set Rise/Fall Time：设置信号的上升时间与下降时间，仅适用于方波。点击该按钮，出现图 3-34 所示对话框，可在对话框中输入上升/下降时间，再按 Accept 按钮即可。如点击 Default 按钮，则恢复默认值。

图 3-34 Set Rise/Fall Time 对话框

2. 函数信号发生器使用示例

【例 3-2】 用函数信号发生器产生三角波，并用示波器进行观察。

按图 3-35 所示方法连接电路，双击函数信号发生器，打开面板进行设置，如图 3-36(a)所示，波形选择三角波，将频率设置为 100 Hz，占空比设置为 80%，幅度设置为 5 V，偏电压设置为 2 V。用示波器观察输出波形，双击打开示波器的面板，如图 3-36(b)所示，示波器测得的波形和函数信号发生器设置的输出波形一致。

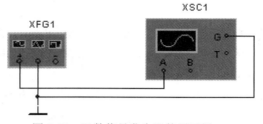

图 3-35   函数信号发生器使用示例

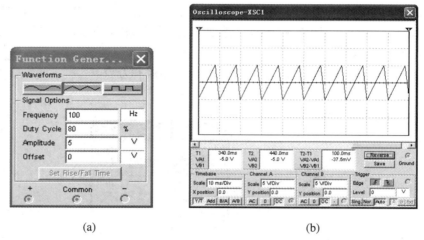

(a)   (b)

图 3-36   函数信号发生器面板设置和示波器观察结果

3.2.3   瓦特表

1.   瓦特表简介

瓦特表是一种测试电路功率的仪器，交直流均可测量，其按钮、图标和面板分别如图 3-37(a)、图 3-37(b)和图 3-37(c)所示。

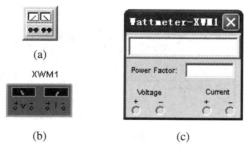

(a)

(b)   (c)

图 3-37   瓦特表的按钮、图标和面板

该图标中有两组端子，左边两个端子为电压输入端子，与所要测试电路并联；右边两个端子为电流输入端子，与所要测试电路串联。所测得的功率显示在面板上面的栏内，该功率是所测电路的平均功率，单位会自动调整。

Power Factor：显示功率因素。

2．瓦特表使用示例

【例 3-3】　用瓦特表测量图 3-38 (a)所示电路的功率和功率因素。

按图连接好电路，V 两个端子并联在所测电路的两端，I 两个端子串联在所测电路中，这和实际的瓦特表的连接是一致的。双击打开瓦特表的面板，打开仿真开关，测量结果显示为：平均功率为 259.107 μW，功率因素为 0.72，如图 3-38(b)所示。

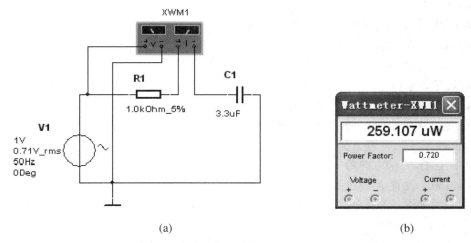

(a)　　　　　　　　　　　　　　(b)

图 3-38　电路功率和功率因素测量电路和测量结果

3.2.4　示波器

1．示波器简介

示波器是电子实验室中使用最为频繁的仪器之一，Multisim 提供的示波器与实际的示波器在外观和操作方法上基本相同。利用示波器可以观察一路或两路信号波形并分析测得信号的频率、周期和幅度等参数。其按钮、图标和面板分别如图 3-39(a)、图 3-39(b)和图 3-39(c)所示，图标上 A、B、T、G 端分别是 A 通道输入、B 通道输入、外触发端和接地端。双击其图标，可以显示它的面板。

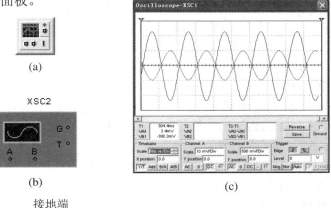

(a)

(b)　　　　　　　　　　　　　　(c)

接地端

图 3-39　示波器的按钮、图标和面板

　　示波器的面板由两部分组成：上面是示波器的观察窗口，显示 A、B 两通道的信号波形；下面是它的控制面板和数轴数据显示区。示波器的控制面板由 4 个设置区组成，分别是：Timebase 区、Channel A 区、Channel B 区、Trigger 区。在示波器的观察窗口中有两条可以左右移动的读数指针，指针上方有三角形标志，通过鼠标左键可拖动读数指针左右移动，在数据显示区会显示出相应的数据，该区域有 3 个区：T1 区、T2 区和 T2-T1 区。下面是各区域的详细说明。

　　(1) Timebase 区：设置扫描时基，也就是 X 轴的刻度设置。

➢ Scale：选择 X 轴方向每一个格代表的时间。

➢ X position：设置 X 轴方向时间基线的起始位置。

➢ Y/T：选中表示水平扫描信号为时间基线，垂直扫描信号为 A 或 B 通道输入信号。

➢ Add：选中表示水平扫描信号为时间基线，垂直扫描信号为 A 和 B 通道输入信号之和。

➢ B/A：选中表示水平扫描信号为 A 通道输入信号，垂直扫描信号为 B 通道输入信号。

➢ A/B：选中表示水平扫描信号为 B 通道输入信号，垂直扫描信号为 A 通道输入信号。

　　(2) Channel A 区：设置 A 通道 Y 轴刻度等相关参数。

➢ Scale：选择 Y 轴方向每一个格代表的时间。

➢ Y position：设置 A 通道波形 Y 轴显示的起始位置。

➢ AC：设置测量交流信号，以电容耦合方式输入 A 通道信号。

➢ 0：设置输入端接地。

➢ DC：设置测量交直流信号，以直流耦合方式输入 A 通道信号。

　　(3) Channel B 区：设置 B 通道 Y 轴刻度等相关参数。该区设置与 Channel A 区相同。

　　(4) Trigger 区：设置示波器触发方式。

➢ Edge 栏：有两个按钮，分别为上升沿触发和下降沿触发。

➢ Level：设置触发电平。

➢ Sing：设置单脉冲触发。

➢ Nor：设置使用一般触发方式。

➢ A：设置 A 通道信号触发。

➢ B：设置 B 通道信号触发。

➢ Ext：设置使用 T 端子连接的信号作为外部触发信号。

　　(5) T1 区：显示移动 T1 数轴(红色)读取的数据

➢ T1：T1 数轴对应的 X 轴的值。

➢ VA1：T1 数轴与 A 通道波形相交位置的 Y 轴的值。

➢ VB1：T1 数轴与 B 通道波形相交位置的 Y 轴的值。

　　(6) T2 区：显示移动 T2 数轴(蓝色色)读取的数据，与 T1 区类似。

　　(7) T2-T1 区：显示 T2 与 T1 数轴之间差值的有关数据。

➢ T2-T1：T2 和 T1 数轴间的 X 轴方向的差值。

➢ VA1-VA2：T2 和 T1 数轴间的 A 通道波形 Y 轴方向的差值。

➢ VB1-VB2：T2 和 T1 数轴间的 B 通道波形 Y 轴方向的差值。

　　示波器使用时为了区分 A、B 两通道的波形，可以将两路波形以不同的颜色来显示。方法是：将鼠标指向连接 A、B 通道的导线，右击弹出快捷菜单选择 Color，在对话框中选择颜色，仿真时，示波器显示的波形颜色与导线的颜色一致。点击面板右下方的 Reverse 按钮，可改变屏幕的颜色，再次点击可以恢复原来的颜色。对于读数指针测量的数据，点击 Save 按钮可将其存储。在动态显示波形时，可按暂停按钮暂停波形显示，通过拖动显示屏下边的滚动条左右移动波形进行观察，或改变 X position 和 Y position 的值，左右或上下移动波形进行观察。

2．示波器使用示例

【例 3-4】　用示波器观察李沙育图形。

按图 3-40 连接实验电路，交流电压源 V1 频率设置为 1000 Hz，初相设置为 0 Deg，V2 的频率设置为 2000 Hz，初相为 180 Deg，其余参数相同。双击示波器面板，点击 B/A 按钮，打开仿真开关，可观察到李沙育图形如图 3-41 所示。改变 V1 或 V2 的频率和相位，观察仿真结果。

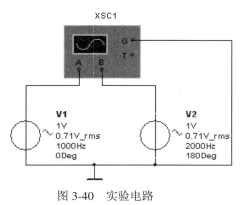

图 3-40　实验电路

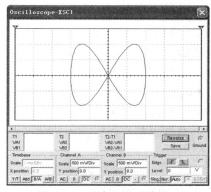

图 3-41　示波器显示结果

3.2.5　波特图仪

1．波特图仪简介

波特图仪是一种用来测量和显示一个电路、系统或放大器幅频特性和相频特性的仪器，是交流分析的重要工具，类似于实际电路测量中常用的扫频仪。其按钮、图标和面板分别如图 3-42(a)、图 3-42(b)和图 3-42(c)所示。图标上有 in+、in−、out+、out− 4 个端子，其中 in 两个端子连接系统信号输入端，out 两个端子连接系统信号输出端。双击图标，可打开波特图仪的面板。注意：在使用波特图仪时，必须在系统的信号输入端连接一个交流信号源或函数信号发生器，此信号源由波特图仪自行控制不需设置。

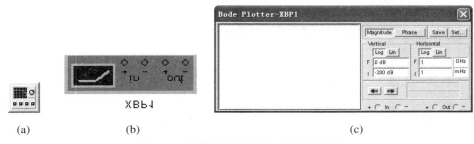

(a)　　　　　　　　　　(b)　　　　　　　　　　　　　　(c)

图 3-42　波特图仪的按钮、图标和面板

面板上各项说明如下：

➢ Magnitude：设定波特图仪显示幅频特性曲线。

➢ Phase：设定波特图仪显示相频特性曲线。

➢ Save：存储测量的特性曲线。

➢ Set：设置扫描的分辨率，分辨率越高扫描时间越长，曲线越平滑。

➢ Vertical 区：设置垂直轴参数。其中 Log 按钮设置 Y 轴采用对数刻度，Line 按钮设置 Y 轴采用线性刻度，垂直轴一般选择采用线性刻度。F 栏内设置垂直轴最高的刻度值，I 栏内设置垂直轴最低的刻度值。

➢ Horizontal 区：设置水平频率轴参数。其中 Log 按钮设置水平轴采用对数刻度，Line 按钮设置水平轴采用线性刻度，水平轴一般选择采用对数刻度。F 栏内设置水平轴最大的刻度值，I 栏内设置水平轴最小的刻度值。

➢ ←|→：这两个按钮可以左右移动窗口中的数轴，鼠标拖曳数轴上方的三角形也可左右移动数轴。在按钮右边有两个显示栏，分别显示数轴所在位置的垂直轴的读数和水平轴的读数。

2．波特图仪使用示例

【例 3-5】　用波特图仪观察串联谐振电路的频率特性曲线。

按图 3-43 连接 R、L、C 的串联电路，调入波特图仪，按图连接好。打开波特图仪的面板，调节各参数，观察到电路的谐振曲线如图 3-44 所示。

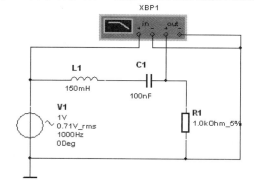

图 3-43　串联谐振电路实验电路

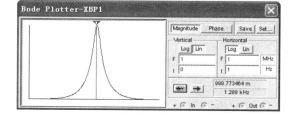

图 3-44　波特图仪测量电路幅频特性曲线的结果

移动数轴到曲线的峰值处，该点所对应的频率即是电路的谐振频率。由波特图仪测试结果可知电路的谐振频率为 1.288 kHz。

按 Phase 按钮，调节面板中各参数，可观察到电路的相频特性曲线如图 3-45 所示。

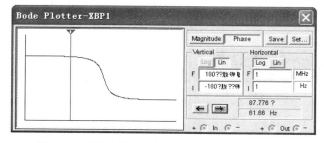

图 3-45　波特图仪测量电路相频特性曲线的结果

3.2.6　字信号发生器

1．字信号发生器简介

字信号发生器也称为数字逻辑信号源，是一个最多能够产生 32 位逻辑信号，用来对数字逻辑电路进行逻辑测试的仪器。内有一个最大可达 0400H 的可编程 32 位数据区，数据区中的数据按一定的触发方式、速度、循环方式产生 32 位同步逻辑信号。字信号发生器的按钮、图标和面板分别如图 3-46(a)、图 3-46(b)和图 3-46(c)所示。

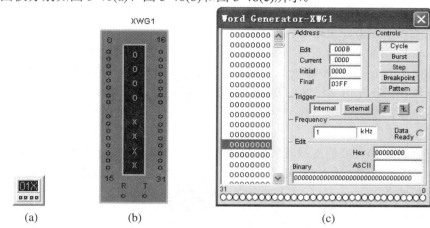

图 3-46　字信号发生器的按钮、图标和面板

字信号发生器的图标左右各 16 个端子，分别为 0～15 和 16～31 的逻辑信号输出端，可连接至测试电路的输入端。图标下面还有 R 和 T 两个端子，R 为数据备用信号端，T 为外触发信号端。

双击图标可打开字信号发生器的面板，如图 3-46(c)所示，其面板共有 6 个区：Address 区、Edit 区、Trigger 区、Frequency 区、Controls 区和当前输出数据显示区。

(1) Address 区：显示和设置可编程 32 位数据区的位置和范围。

➢ Edit：显示正在编辑的那条字信号(32 位数据)的地址，可以在左边数据区中选取所要编辑的地址。

➢ Current：显示正在输出的那条字信号的地址。

➢ Initiol 和 Final：分别表示输出字信号的起始地址和终止地址，设置后，字信号从起始地址开始逐条输出。

(2) Edit 区：编辑 Address 区中 Edit 所指地址中的数据，可以使用以下 3 种方式之一输入数据。

➢ Hex：8 位十六进制数。

➢ ASCII：4 位 ASCII 码。

➢ Binary：32 位二进制数。

除了以上方法，还可以在左边数据区中选取后直接编辑其中的数据，左边数据区中的数据是以 8 位十六进制数的形式存放的。

(3) Trigger 区：设置触发方式。

➢ Internal：内部触发。

➢ External：外部触发，将输入端 T 连接的信号设置为触发信号。

➢ ：上升沿触发和下降沿触发。

(4) Frequency 区：设置字信号输出的频率(速度)。

(5) Controls 区：设置字信号发生器的输出方式。

➢ Cycle：设置字信号的输出为循环方式，即在设置的地址初值到终值之间字信号以设定的频率循环输出。

➢ Burst：设置字信号的输出为单帧方式，即从设置的地址初值以设定的频率逐条输出，直到设定的终值地址停止输出。

➢ Step：设置字信号的输出为单步方式，即每点击鼠标一次输出一条字信号。

➢ Breakpoint：设置中断点。在 Cycle 和 Burst 方式中，要使字信号输出到某条地址后自动停止输出，应先用鼠标选择要停止的位置(地址)，点击 Breakpoint 按钮，此时左边数据区中对应地址的数据右边出现一个"*"号，运行至断点处将停止输出，按暂停或 F6 键可以恢复输出。

➢ Pattern：当需要清除设置的断点地址时，打开 Pattern 对话框(如图 3-47 所示)，选中 Clear buffer，再点击 Accept 按钮即可。

图 3-47　Pattern 对话框

Pattern 对话框中其他选项的作用分别是：

◇ Open：打开字信号文件。

◇ Save：将字信号文件存盘。

◇ Up Counter：选中的地址区数据递增编码。

◇ Down Counter：选中的地址区数据递减编码。

◇ Shift Right：选中的地址区数据右移方式编码。

◇ Shift Left：选中的地址区数据左移方式编码。

(6) 输出显示区：输出端输出信号的同时会在面板的最下边显示输出各位的数据。

2. 字信号发生器使用示例

【例 3-6】　用字信号发生器产生逻辑测试信号。

按图 3-48 连接电路，双击字信号发生器打开其面板，在面板中设置起始地址和终止地址分别为 0000H 和 0008H。按 Pattern 按钮进入 Pattern 对话框，选中 Down Counter 并点击 Accept 按钮，设置的数据区数据按递减编码。打开仿真开关可以看到数码管循环显示数字 0～8。面板设置和显示如图 3-49 所示。

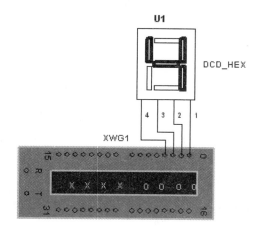

图 3-48　字信号发生器产生逻辑测试信号示例

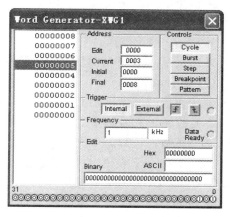

图 3-49　字信号发生器面板设置和显示

3.2.7　逻辑分析仪

1．逻辑分析仪简介

逻辑分析仪可以同时测量和分析 16 路逻辑信号，可用于对数字逻辑信号的高速采集和时序分析，逻辑分析仪的按钮、图标和面板分别如图 3-50(a)、图 3-50(b)和图 3-50(c)所示。

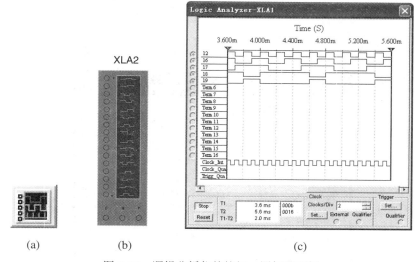

(a)　　　　　　　　(b)　　　　　　　　　　　(c)

图 3-50　逻辑分析仪的按钮、图标和面板

图标右侧从上至下 16 个端子是逻辑分析仪的输入信号端口，使用时连接电路的测试信号。图标下部的 C、Q、T 3 个端子分别为外时钟输入端、时钟控制输入端和触发控制输入端。

双击图标打开逻辑分析仪的面板，如图 3-50(c)所示，上面区域是 16 路测试信号的波形显示区，如果某路连接有被测信号，则该路小圆圈内出现一个黑圆点。当改变连接导线的颜色时，显示波形的颜色随之改变。波形显示区有两根数轴，拖动数轴上方的三角形，可以左右移动数轴。

面板下面是各参数设置区和显示区，各项说明如下：

(1) 仿真控制区：控制仿真的进行。

➢ Stop：停止仿真。

➢ Reset：复位并清除当前显示波形。

(2) 数轴读数显示区：显示数轴所在的有关数据。

左窗口为时间窗口，T1 为数轴 1(红色)所处时间位置，T2 为数轴 2(蓝色)所处时间位置，T1-T2 为数轴 1 和数轴 2 之间的时间差值。右窗口为读数窗口，上面为数轴 1 读数，下面为数轴 2 读数，读数为 4 位十六进制数即用 16 位二进制数分别表示 1～16 路逻辑信号。

(3) Clock 区：设定时钟，也就是显示窗口的水平轴。

➢ Clock/Div：设定每格显示多少个时钟脉冲。

➢ set：点击 Set 按钮出现图 3-51 所示的 Clock setup 对话框，在此进行详细设置。

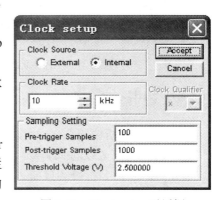

◇ Clock Source：External 选项设定使用外部时钟脉冲，Internal 选项设定使用内部时钟脉冲。

◇ Clock Rate：设置时钟脉冲的频率。

◇ Sampling Setting：设置取样方式。其中 Pre-trigger Samples 栏设置前沿触发取样数，Post-trigger Samples 栏设置后沿触发取样数，Threshold Voltage(V)栏设置取样的门限电压。

图 3-51   Clock setup 对话框

(4) Trigger 区：设定触发方式。

点击 Set 按钮出现图 3-52 所示的 Trigger Setting 对话框，在此可对触发方式进行详细设置。

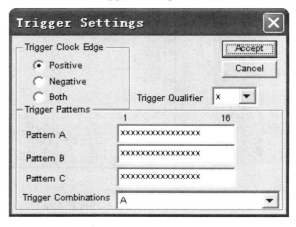

图 3-52   Trigger Setting 对话框

➢ Trigger Clock Edge：设定触发方式，有 Positive(上升沿触发)、Negative(下降沿触发)和 Both(升降沿都触发) 3 个选项。

➢ Trigger Qualifier：设定触发控制字，X 总是有效，0、1 符合触发控制字触发有效。

➢ Trigger Patterns：设定触发信号的样本，其中可以在 Pattern A、Pattern B 和 Pattern C 设定 3 组触发样本，也可以在 Trigger Combinations 栏中设置组合触发样本。

2．逻辑分析仪使用示例

【例 3-7】　　用逻辑分析仪测试 JK 触发器的输入、输出信号时序波形。

按图 3-53 连接电路，时钟信号和输入 J、K 信号用字发生器产生。字发生器中所有地址中的可编程 32 位数据按递增编码，数据的第 0 位作为时钟信号送到 JK 触发器的 CP 端，数据的第 1 位作为 J 端输入信号，数据第 2 位作为 K 端输入信号。同时，将时钟信号、J 信号、K 信号、输出端 Q 和~Q 的信号连接到逻辑分析仪的 1～5 路输入端，观察 JK 触发器输入输出时序波形。逻辑分析仪的测试结果如图 3-54 所示，由逻辑分析仪测得的时序波形分析可以知道波形完全符合 JK 触发器的逻辑功能。

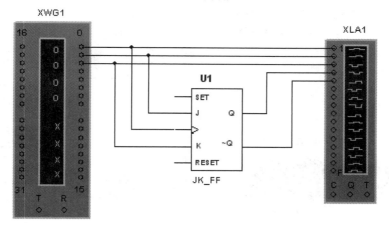

图 3-53　JK 触发器时序波形测试电路

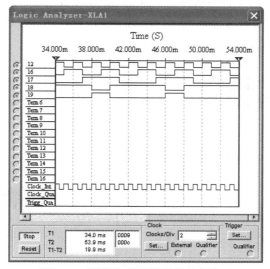

图 3-54　逻辑分析仪测得的时序波形

3.2.8　逻辑转换仪

1．逻辑转换仪简介

逻辑转换仪是 Multisim 2001 特有的数字虚拟仪器，使用逻辑转换仪可以使电路设计变得更容易。逻辑转换仪的功能包括：

(1) 将逻辑电路转换成真值表。

(2) 将真值表转换成逻辑表达式。

(3) 将真值表转换成简化表达式。

(4) 将逻辑表达式转换成真值表。

(5) 将表达式转换成逻辑电路。

(6) 将逻辑表达式转换成与非门逻辑电路。

逻辑转换仪的按钮、图标和面板分别如图 3-55(a)、图 3-55(b)和图 3-55(c)所示。图标中包括 9 个端子，左边 8 个端子用来连接输入信号，右边一个端子连接输出信号，只有在用到逻辑电路转换为真值表时，才需要将图标与逻辑电路相连接。

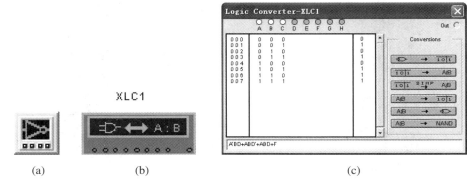

XLC1

(a)　　　　　　(b)　　　　　　　　　　(c)

图 3-55　逻辑转换仪的按钮、图标和面板

双击图标打开面板，逻辑转换仪面板由 4 部分组成：A～H 8 个输入端(可供选用的输入逻辑变量)、真值表显示栏、逻辑表达式栏及逻辑转换方式选择区(Conversions)。

2．逻辑转换仪使用示例

1) 由逻辑电路转换为真值表

【例 3-8】　电路如图 3-56 所示，利用逻辑转换仪直接得到该电路的真值表。

将电路的输入端连接到逻辑分析仪的输入端，将电路的输出端连接到逻辑分析仪的输出端，打开逻辑分析仪的面板，点击 ⌐⊃→ 1 0 1 按钮即可得到相应的真值表，如图 3-57 所示。

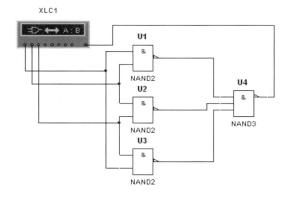

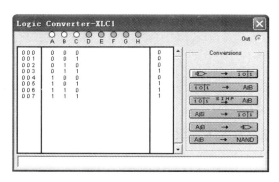

图 3-56　例 3-7 电路图　　　　　　　　　　　图 3-57　真值表

2) 由真值表转换成逻辑表达式

真值表的获得有两种方法：第一种方法就是刚才由逻辑电路转换来的真值表；第二种方法是在真值表中直接输入的方法，这种方法可分为以下 3 个步骤：

第一步：根据输入变量的个数。用鼠标点击逻辑转换仪面板上代表输入端的小圆圈 (A～H)选定输入变量，此时真值栏内自动出现输入变量的所有组合，而右边输出列的初始值全部是"？"。

第二步：根据所要设计的逻辑关系来确定并修改真值表的输出值，方法是用鼠标点击输出列的值，则输出值在 0、1、X 之间变换，确定输出值。

第三步：点击 ┌10┌1 → AIB 按钮，这时面板底部逻辑表达式栏将出现相应的逻辑表达式，注意表达式中的 A′ 表示逻辑变量 A 的"非"。

将图 3-57 中的真值表转换成逻辑表达式，按 ┌10┌1 → AIB 按钮，面板底部逻辑表达栏中得到逻辑表达式，如图 3-58 所示。

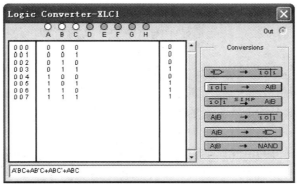

图 3-58　真值表转换成逻辑表达式

3) 由真值表转换成简化表达式

点击 ┌10┌1 SIMP AIB 按钮，即可在逻辑表达栏内得到简化的逻辑表达式。

4) 由逻辑表达式得到真值表

首先在面板底部的逻辑表达式栏内输入逻辑表达式，注意表达式中逻辑"非"的写法，例如：$\overline{A}$ 应写成 A′；而 $\overline{A+B}$ 可以先逻辑转换成 $\overline{AB}$，输入 A′B′。然后点击 AIB → ┌10┌1 按钮便可得到相应的真值表。

5) 由逻辑表达式得到逻辑电路

在逻辑转换仪面板底部逻辑表达栏中输入逻辑表达式，然后点击 AIB → ⊃ 按钮，便可得到由与门、或门、非门组成的逻辑电路。

6) 由逻辑表达式得到与非门电路

在逻辑转换仪面板底部的逻辑表达栏中输入逻辑表达式，然后点击 AIB → NAND 按钮，便可得到由与非门组成的逻辑电路。

3.2.9　失真度分析仪

1. 失真度分析仪简介

失真度分析仪是一种测试电路总谐波失真与信噪比的仪器，用于在用户指定的基准频率下,进行电路总谐波失真或信噪比的测量。其按钮、图标和面板分别如图 3-59(a)、图 3-59(b)和图 3-59(c)所示。面板中只有一个端子,连接电路的输出信号。

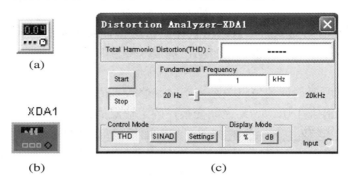

(a)

XDA1

(b)　　　　　　　　　　　　　(c)

图 3-59　失真度分析仪的按钮、图标和面板

双击图标打开其面板如图 3-59(c)所示,下面介绍面板中各部分功能和设置。

(1) 显示区:最上面一栏,功能是显示测试结果,其内容和单位由 Control Mode 区和 Display Mode 区控制。

(2) Control Mode 区:这个区域有 3 个按钮。

➤ THD:设定分析总谐波失真,此时显示栏左边显示的是 Total Harmonic Distortion(THD),右边屏幕中显示的是测得的谐波失真的值。

➤ SINAD:设定分析信噪比,此时显示栏左边显示的是 Signal Noise Distortion(SND),右边屏幕中显示的是测得的信噪比的值。

➤ Settings:设置分析参数,点击 Settings 按钮,出现图 3-60 所示的对话框。对话框中 THD Definition 区用来选择谐波失真的定义标准,有 IEEE 和 ANSI/IEC 两种标准。Start Frequency 栏用来设置失真分析的起始频率,End Frequency 栏用来设置失真分析的终止频率,Harmonic Num 用来设置分析的谐波次数。

(3) Display Mode 区:单位选择区。

➤ %:设定百分数显示,常用于谐波失真分析。

➤ dB:设定分贝值,信噪比只能用分贝显示。

(4)Fundamental Frequency 区:设置分析基频,并显示分析频率范围。

➤ Start:启动失真度分析仪开始分析。

➤ Stop:停止分析。

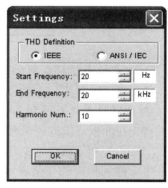

图 3-60　Settings 对话框

这两个按钮的功能与仿真开关打开和关闭是一致的。

2. 失真度分析仪使用示例

【例 3-8】　测试图 3-61 所示单管放大电路的总谐波失真和信噪比。

将输出信号接失真度分析仪的端子,双击图标打开面板,在 Control Mode 区中选定 THD,可以测得总谐波失真;在 Control Mode 区中选定 SINAD,可以测得信噪比。测试结果如图 3-62 和图 3-63 所示。

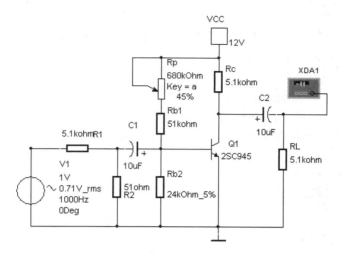

图 3-61　单管放大电路

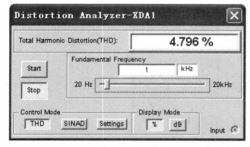

图 3-62　总谐波失真测试结果

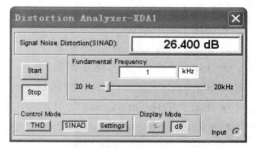

图 3-63　信噪比测试结果

3.2.10　频谱分析仪

1．频谱分析仪简介

频普分析仪是用来对信号做频域分析的仪器，测量信号所包含的频率及频率所对应的幅度，在对信号进行分析时，往往要用到频谱分析仪，其按钮、图标和面板分别如图 3-64(a)、图 3-64(b)和图 3-64(c)所示。

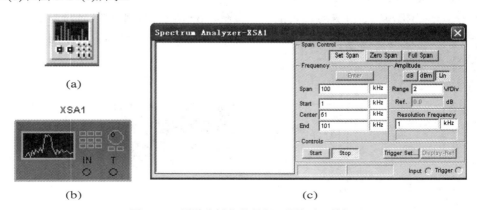

图 3-64　频谱分析仪的按钮、图标和面板

图标上有两个端子，端子 IN 连接电路测试点，端子 T 连接外触发信号。双击图标打开面板，如图 3-64(c)所示，面板上左侧是频谱曲线显示区，利用数轴可以读取数轴所在的频率和对应的幅值，显示在面板左侧的底部；右侧侧是各设置区，分别介绍如下：

(1) Span Control 区：频率范围设定方式。

➤ Set Span：频率范围由 Frequency 区域设定。

➤ Zero Span：频率范围由 Frequency 区域的 Center 栏设定的中心频率确定。

➤ Full Span：频率范围设定为全部范围，即 0～4 GHz。

(2) Frequency 区：设定频率有关参数。

➤ Span：设定频率范围。

➤ Start：设定起始频率。

➤ Center：设定中心频率。

➤ End：设定终止频率。

注意：设定完值后一定要点击 Enter 按钮。

(3) Amplitude 区：设定幅度有关参数。

➤ dB：纵坐标使用 dB 刻度。

➤ dBm：纵坐标使用 dBm 刻度。

➤ Lin：纵坐标使用线性刻度。

➤ Range：设定纵坐标每格代表多少幅值。

➤ Ref：Reference Level 设定参考电平。

(4) Resolution Frequency 区：设定频率分辨率。

(5) Controls 区：控制设置。

➤ Start：启动分析。

➤ Stop：停止分析。

➤ Trigger Set：选择触发源是 Internal(内部触发)还是 External(外部触发)，选择触发模式是 Continue(连续触发)还是 Signal(单次触发)。

➤ Display-Ref：显示由 Amplitude 区的 Ref 值确定的参考电平水平线(dB、dBm)。

2．频谱分析仪使用示例

【例 3-10】　使用频谱分析仪测量方波信号的频谱。

按图 3-65 连接电路，打开频谱仪面板，按图 3-66 所示设置频谱仪各项参数，运行仿真开关，等待电路分析直到曲线稳定，结果如图 3-66 所示。移动显示窗口中的数轴可以读取每个频率点所对应的信号幅度。

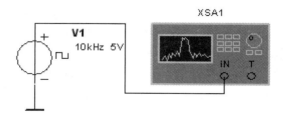

图 3-65　方波频谱分析电路图

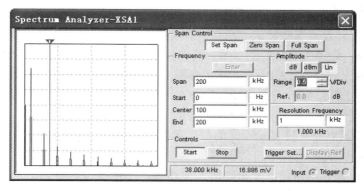

图 3-66　频谱分析仪测试结果

3.2.11　网络分析仪

1. 网络分析仪简介

网络分析仪是一种用来分析双端口网络的仪器，它可以测量电子电路及元件的特性。Multisim 提供的网络分析仪可以测量电路的 S 参数并计算出 H、Y、Z 参数，它是高频电路中最常用的仪器之一。该虚拟网络分析仪的按钮、图标及面板如图 3-67 所示。图标中有两个端子，分别连接电路的输入端口和输出端口。

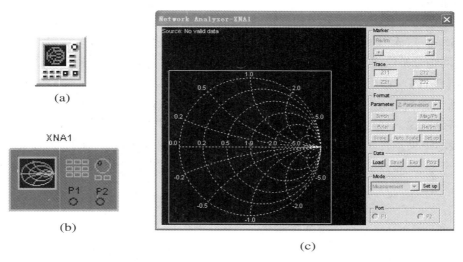

图 3-67　网络分析仪的按钮、图标和面板

双击图标打开面板如图 3-67(c)所示，面板左边是显示屏，右边是各参数设置区，下面详细说明各区域的使用和设置。

(1) Marker 区：设定显示屏中数据的显示模式。

➢ Re/Im：直角坐标模式显示数据。

➢ Mag/ph(Degs)：极坐标模式显示数据。

➢ dB Mag/ph(Degs)：分贝极坐标模式显示数据。

➢ 滚动条：控制显示窗口游标所指的位置。

(2) Trace 区：设定所要显示的参数，只要按下所要显示的参数按钮即可显示。

(3) Format 区：设置参数格式。

➢ Parameter：选择所要分析的参数，其中包括 S-Parameter(S 参数)、H-Parameter(H 参数)、Y-Parameter(Y 参数)、Z-Parameter(Z 参数)、Stability factor(稳定因素)。

➢ 显示模式选择：显示模式有 Smith(史密斯格式)、Mag/ph(增益/相位的频率响应图即波特图)、Polar(极化图)、Re/Im(实部/虚部) 4 种显示模式。

➢ Scale：设置上面 4 种显示模式的刻度参数。

➢ Auto Scale：设置由程序自动调制刻度参数。

➢ Set up：设置显示窗口的显示参数，如线宽、颜色等。

(4) Data 区：提供数据管理功能。

➢ Load：读取数据文件。

➢ Save：保存数据文件。

➢ Exp：输出数据至文本文件。

➢ Print：打印数据。

(5) Mode 区：设置分析模式，包括一个栏位和一个按钮。

➢ Measurement：设置为测量模式。

➢ Match Net.Designer：设置为电路设计模式，可以显示电路的稳定度、阻抗匹配、增益等数据情况。

➢ RF Characterizer：设置为射频特性分析模式。

➢ Set up：设定上面 3 种分析模式的参数，在不同的分析模式下，将会有不同的参数设置。

2．网络分析仪使用示例

【例 3-11】　用网络分析仪分析图 3-68 所示电路的特性。

按图 3-68 连接电路，电路的输入端连接到网络分析仪的 P1 端，输出端连接到 P2 端。打开网络分析仪，在面板中进行相应的设置。启动仿真开关开始分析，分析结束后将在显示屏中显示结果，其 S 参数史密斯格式、波特图、极化图分别如图 3-69、图 3-70 和图 3-71 所示。

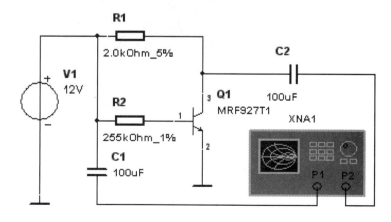

图 3-68　例 3-11 电路图

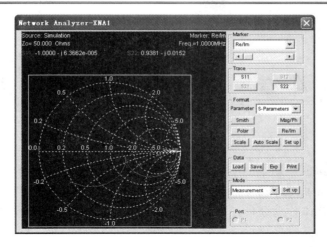

图 3-69　网络分析仪应用史密斯格式分析结果

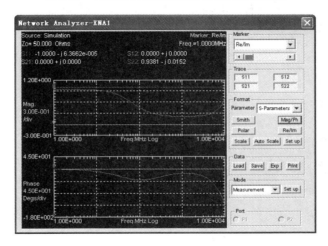

图 3-70　网络分析仪应用波特图分析结果

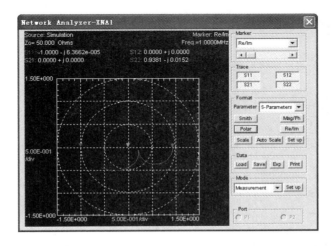

图 3-71　网络分析仪应用极化图分析结果

第 **4** 章　Multisim 基本分析方法

　　选取菜单 Simulate 中的 Analysis 命令，可弹出图 4-1 所示的分析功能菜单，点击工具栏中的▇按钮，也会出现分析功能菜单。在分析功能菜单中可选择要进行的分析，菜单中从上到下分别为直流工作点分析、交流分析、瞬态分析、傅里叶分析、噪声分析、失真分析、直流扫描分析、灵敏度分析、参数扫描分析、温度扫描分析、极点零点分析、传输函数分析、最坏情况分析、蒙特卡罗分析、批处理分析、用户定义分析、噪声图形分析及 RF 分析。Multisim 软件这么多的仿真分析功能也是其他软件在电路仿真分析应用方面不可比拟的。本章将对这些仿真分析方法进行逐一介绍。

```
DC Operating Point...
AC Analysis...
Transient Analysis...
Fourier Analysis...
Noise Analysis...
Distortion Analysis...
DC Sweep
Sensitivity...
Parameter Sweep...
Temperature Sweep...
Pole Zero...
Transfer Function...
Worst Case...
Monte Carlo...
Trace Width Analysis...
Batched Analyses...
User Defined Analysis...
Noise Figure Analysis...
Stop Analysis

RF Analyses
```

图 4-1　仿真分析功能菜单

4.1　直流工作点分析

　　直流工作点分析(DC Operating Point Analysis)就是在电路中的电感短路，电容开路的情况下计算电路的静态工作点。选择分析菜单中 DC Operating Point...菜单命令，进入图 4-2

所示的 DC Operating Point Analysis 参数设置窗口。该对话框包括 Output variables 页、Miscellaneous Options 页及 Summary 页。注意：这 3 页在其他分析的对话框中也会出现。

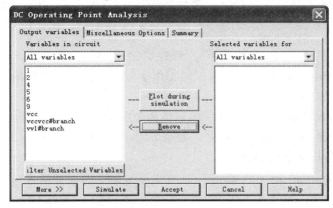

图 4-2　直流工作点分析 Output variables 页

1．Output variables 页

这页的主要作用是选定所要分析的节点。左边窗口列出了电路中存在的变量，右边窗口列出了电路要分析的变量。

（1）Variables in Circuit 区：列出电路中可用于分析的节点以及流过电压源的电流等变量。

点击下拉列表 **All variables** 右边的箭头，出现图 4-3 所示的变量类型选择列表。

> Voltage and current：只显示电压和电流的变量。

> Voltage：仅显示电压变量。

> Current：仅显示电流变量。

> Device/Model Parameters：显示的是元件/模型参数变量。

图 4-3　变量选择下拉列表

> All variables：显示软件自动给出的全部变量。

如果还要显示其他参数变量，可点击 Filter Unselected Variables 按钮，出现图 4-4 所示的对话框，在此可对软件没有选择的变量进行增减。

> Display internal node：显示内部节点。

> Display submodules：显示子模型的节点。

> Display open pins：显示开路的引脚。

图 4-4　Filter nodes 对话框

（2）Selected variables for 区：确定需要分析的变量。

该区默认状态为空，需要用户从 Variables in Circuit 中选取，方法是：首先选择左边窗口中需要分析的一个或多个变量，再点击 Plot during simulation 按钮，则选中的变量就移到右边窗口中。如果不想分析某个已选中的变量，则在右边窗口中先选择该变量，再点击 Remove 按钮，又可以将其移回左边的窗口。

（3）More 区：点击 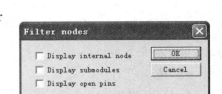 按钮，则在该页下面增加一个 More Options 区，如图 4-5 所示。

图 4-5　More Options 区

➢ Add device/model parameter：在左边可用于分析的变量窗口中增加某个元件/模型的参数。

　　➢ Delete selected variables：删除左边窗口某个变量。先选择变量，再按该按钮删除。

　　➢ Filter Selected Variables：挑选由 Filter Unselected Variables 选择的变量。

2．Miscellaneous Options 页

Miscellaneous Options 页如图 4-6 所示，其主要功能是设定分析参数，一般采取默认值。如果要自行设定，则先选中某个分析选项，再选中 Use this custom analysis options 选项，在其右边出现一个栏位，可在该栏内指定新的参数。如果要恢复程序预设置值，按 Reset option to default 按钮即可。

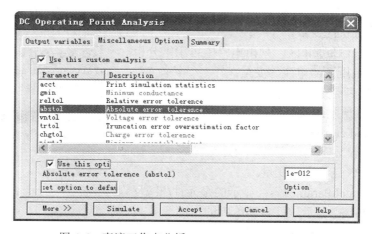

图 4-6　直流工作点分析 Miscellaneous Options 页

这一页左下角也有一个 ┌ More >> ┐ 按钮，点击该按钮，出现 More Options 对话框，如图 4-7 所示。

　　➢ Perform Consistency check before starting analysis：选择前面的复选框，则表示在进行分析之前要先进行一致性检查。

　　➢ Maximum number of：设置最多的取样点数。

　　➢ Title for：输入所要进行分析的名称。

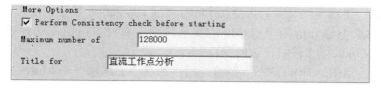

图 4-7　More Options 对话框

3. Summary 页

在 Summary 页，程序可将所有设置和参数都显示出来，用户可以检查所有的设置是否正确。如果不再修改则点击 Simulate 按钮立即进行分析；如果不想立即分析，则按 Accept 按钮存储设置，稍后分析；如果要放弃设定则按 Cancel 按钮。注意：这 3 个按钮也出现在其他页中，功能是一致的。点击 Help 按钮可进入帮助文件。

4. 直流工作点分析举例

【例4-1】 分析图 4-8 单管放大电路的直流工作点。

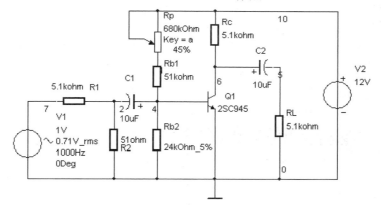

图 4-8 单管放大电路

首先在电路窗口中构建电路图 4-8，然后在 Options/Prefrences/Circuit/Show 区域中将 Show node name 项选中，在电路图中就会显示各节点的编号。

选取分析菜单中的 DC Operating Point…选项，在 Output variables 页将所有变量移到左边窗口。在 Miscellaneous Options 页 More Options 区的 Title for 栏输入"直流工作点分析"，点击 Simulate 按钮开始仿真分析。完成分析后，出现 Analysis Graphs 窗口，显示各变量的值，如图 4-9 所示。由图 4-8 可知：三极管的基极是节点 4，集电极是节点 6，发射极是节点 0，根据分析结果知道 $V_b = 0.61670348$ V，$V_c = 5.00594$ V，$V_e = 0$ V，三极管工作在放大状态。

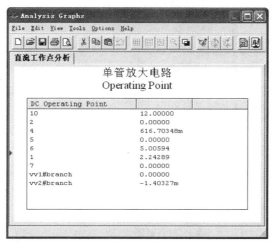

图 4-9 直流工作点分析结果

4.2　交　流　分　析

交流分析(AC Analysis)是在正弦小信号工作条件下的一种频域分析，是一种线性分析方法。通过分析可以得到电路的幅频特性和相频特性。Multisim 在进行交流分析时，首先分析电路的直流工作点，并在直流工作点处对各个非线性元件做线性化处理，得到线性化的交流小信号等效电路，然后使电路中的交流信号源的频率在一定范围内变化，并用交流小信号的等效电路计算电路输出交流信号的变化。

选择分析菜单中的 AC Analysis…菜单命令，进入图 4-10 所示的 AC Analysis 参数设置对话框，该对话框包括 Frequency Parameters 页、Output variables 页、Miscellaneous Options 页及 Summary 页。后三页在直流工作点分析中已详细讲过，图 4-10 所示的是 AC Analysis 参数设置对话框中的 Frequency Parameters 页。

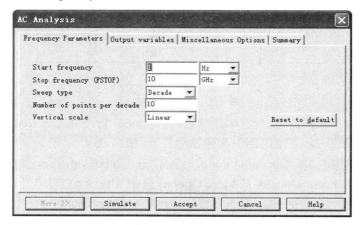

图 4-10　交流分析 Frequency Parameters 页

1．Frequency Parameters 页

Frequency Parameters 页各部分功能介绍如下：

➢ Start frequency：设置分析起始频率。

➢ Stop frequency(FSTOP)：设置分析终止频率。

➢ Sweep type：设置分析频率轴(水平轴)的变化类型，可选项有 Decade(十倍频)、Octave(八倍频)、Linear(线性)。

➢ Number of points per decade：设置每十倍频的分析采样点数。

➢ Vertical scale：设置垂直轴的刻度，可选项有 Linear(线性)、Logarithmic(对数)、Decibel(分贝)、Octave(八倍频)。

➢ Reset to default 按钮：将数据恢复为程序预置值。

2．交流分析举例

【例 4-2】　对图 4-11 所示电路进行交流分析。

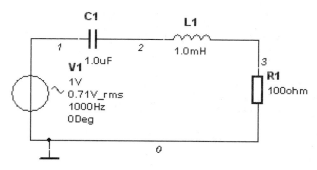

图 4-11　串联谐振电路

首先按图 4-11 在电路窗口中构建电路，元件参数如图中所示。选取分析菜单中的 AC Analysis...选项，在出现的对话框中的 Frequency Parameters 页设置 Start Frequency 为 1 Hz，Stop Frequency 为 10 GHz，Sweep Type 选择 Decade，Number of points per decade 设置为 10，Vertical scale 选择 Linear；在 Output variables 页选定分析节点 3；在 Miscellaneous Options 页 More Options 区 Title for 栏输入 "交流分析"。点击 Simulate 按钮开始仿真分析。完成分析后，出现 Analysis Graphs 窗口，显示电路的幅频特性曲线和相频特性曲线，如图 4-12 所示。

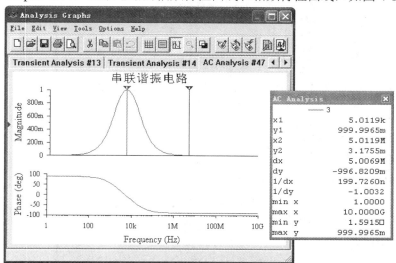

图 4-12　交流分析结果

点击幅频特性曲线，红色的小三角形对准幅频特性曲线，再点击囗按钮，出现数轴以及数轴对应的值，x1 是数轴 1 横坐标的值，y1 是数轴 1 纵坐标的值；x2 是数轴 2 横坐标的值，y2 是数轴 2 纵坐标的值；dx 是数轴 2 和数轴 1 横坐标之间的值，dy 是数轴 2 和数轴 1 纵坐标的值；将数轴 1 移到幅频曲线的峰值处，数轴 1 横坐标的值就是谐振电路的谐振频率，由图 4-12 可知，图 4-11 串联谐振电路的谐振频率为 5.0119 kHz。

4.3　瞬　态　分　析

瞬态分析(Transient Analysis)就是对电路进行时域响应分析，就像使用示波器来观察电路某点的信号波形一样 。选择分析菜单中 Transient Analysis…菜单命令，进入图 4-13 所示的 Transient Analysis 参数设置对话框，该对话框包括 Analysis Parameters 页、Output variables 页、Miscellaneous Options 页及 Summary 页。后 3 页详见直流工作点分析，图 4-13 所示为 Transient Analysis 参数设置对话框中的 Analysis Parameters 页。

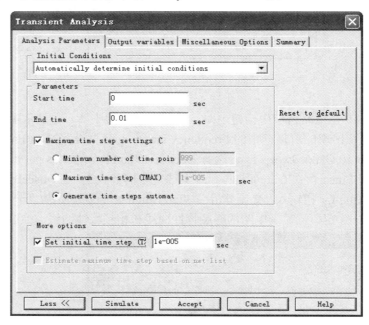

图 4-13　瞬态分析 Analysis Parameters 页

1．Analysis Parameters 页

该页有 4 个参数设置区。

(1) Initial Conditions 区：设定初始条件。

➢ Automatically determine initial conditions：程序自动设定初始值。

➢ Set to zero：设定初始值为 0。

➢ User defined：由用户自定义初始值。

➢ Calculate DC operating point：根据直流工作点计算初始值。

(2) Parameters 区：参数设置。

➢ Start time：设置开始分析的时间。

➢ End time：设置终止分析的时间。

➢ Maximum time step settings：设置分析的最大时间步长，其中包括 Minimum number of time points(单位时间内的取样点数)、Maximum time step(最大的取样时间间距)和 Generate time steps automatically(程序自动设定分析取样时间间距)3 种方式。

(3) Reset to default：将数据恢复为默认值。

(4) More options 区：点击 More 按钮，出现该区域，点击 Less 按钮可关闭该区域。

➢ Set initial time step：选择用户是否自定义初始时间步长。

➢ Estimate maximum time step based on net list：选择是否根据网表估算最大时间步长。

2．瞬态分析举例

【例4-3】　对图4-14所示单管放大电路进行瞬态分析。

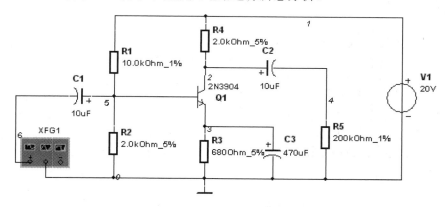

图 4-14　单管放大电路

按图连接电路，元件参数如图中所示，信号发生器选择正弦信号，频率为 1 kHz，幅度为 10 mV。选取分析菜单中的 Transient Analysis…选项，在 Analysis Parameters 页设置起始时间为 0，终止时间为 0.01 s，最大时间步长选择程序自动设定分析取样时间间距；在 Output variables 页选择节点 4 和 6 进行分析；在 Miscellaneous Options 页 More Options 区的 Title for 栏输入"瞬态分析"。点击 Simulate 按钮进行分析，分析结果出现在 Analysis Graphs 窗口中，如图 4-15 所示。

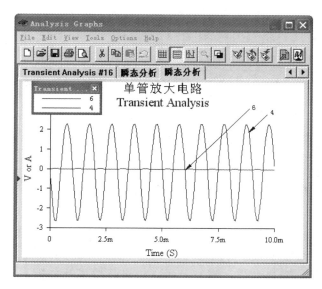

图 4-15　瞬态分析结果

节点 6 的曲线是输入信号波形，节点 4 的曲线是输出信号的波形，为了在同一窗口中同时清晰地显示输入、输出波形，下面采用双纵轴的方式显示波形。点击 按钮，出现图 4-16 所示属性对话框。选择 Right Axis 页，按图中所示设定各参数。选择 Traces 页，按图 4-17 所示设置参数。点击确定按钮，瞬态分析的结果显示为图 4-18 所示波形。

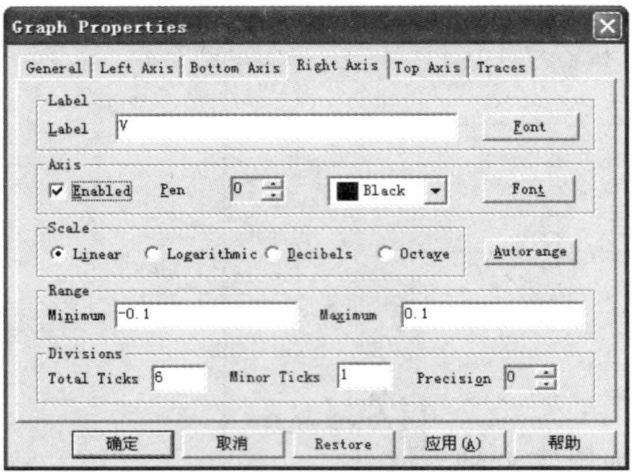

图 4-16　Graph Properties 对话框 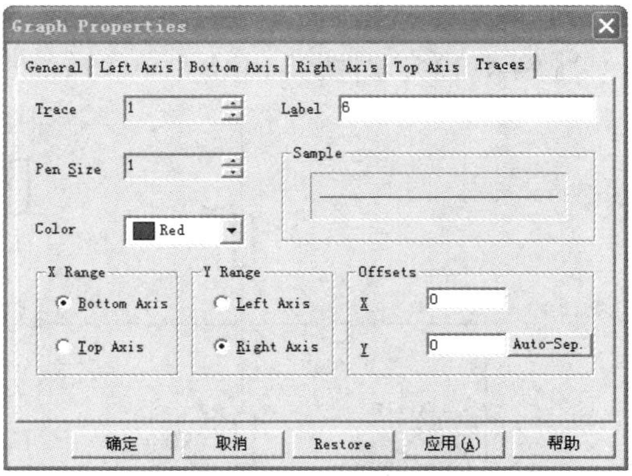　　　　　图 4-17　Traces 页参数设置

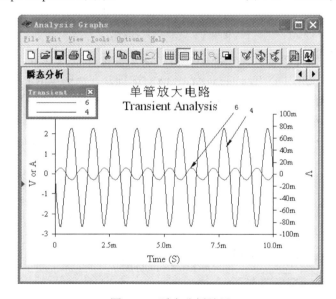

图 4-18　瞬态分析结果

4.4　傅里叶分析

　　傅里叶分析(Fourier Analysis)方法是一种常用的分析周期性信号的方法。傅里叶分析是在瞬态分析结束后，对时域分析结果进行傅里叶变换，得到信号的频谱函数。Multisim在进行傅里叶分析时，先自动进行瞬态分析，再进行傅里叶分析，最终得到傅里叶分析结果。

　　当需要进行傅里叶分析时，选择分析菜单中 Fourier Analysis…菜单命令，进入图 4-19所示的 Fourier Analysis 对话框，该对话框也有 4 页，除 Analysis Parameters 页外，其余页与直流工作点分析的设置相同。图 4-19 所示为 Fourier Analysis 参数设置对话框中的 Analysis Parameters 页。

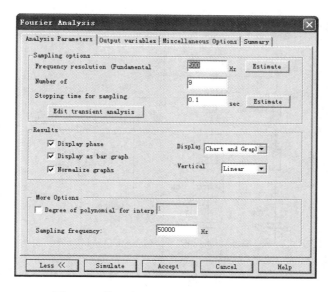

图 4-19　傅里叶分析 Analysis Parameters 页

1．Analysis Parameters 页

该页包括 3 个区，具体参数设置如下。

(1) Sampling options：设置傅里叶分析基本参数区。

➢ Frequency resolution(Fundamental frequency)：设置基频，如果在电路中有多个信号源，则取各信号源频率的最小公倍数。按右边的 Estimate 按钮程序会自动设置。

➢ Number of harmonics：设置需要分析的谐波次数。

➢ Stopping time for sampling：设置停止取样的时间，按右边的 Estimate 按钮程序会自动设置。

➢ Edit transient analysis 按钮：按此按钮可弹出与瞬态分析中 Analysis Parameters 页一样的对话框，有关参数的设置与瞬态分析相同。

(2) Results 区：设置结果显示。

➢ Display phase：选择显示相位图。

➢ Display as bar graph：选择绘制棒状频谱图，如不选择本选项，将绘制连续图。

➢ Normalize graphs：选择绘制归一化频谱图。

➢ Display：设置显示方式，包括 Chart(表格方式)、Graph(图形方式)、Chart and Graph(同时显示表格和图形)。

➢ Vertical scale：设置垂直轴的刻度，包括 Linear(线性刻度)、Logarithmic(对数刻度)、Decibel(分贝刻度)、Octave(八倍刻度)。

(3) More 区：进行其他参数设置。

➢ Degree of polynomial for interpolation：设置内插多项式维数。

➢ Sampling frequency：设置采样频率。

2．傅里叶分析举例

【例 4-4】　用傅里叶分析方法分析图 4-20 所示的 555 谐振电路输出信号的频谱图。

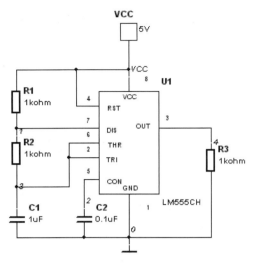

图 4-20　555 谐振电路

按图 4-20 连接电路，元件参数如图所示。选取分析菜单中的 Fourier Analysis…选项，在 Analysis Parameters 页设置基频为 500 Hz，需要分析的谐波次数设为 9 次，停止取样的时间设为 0.1 s，Results 区的 3 个显示复选框全选上，即采用归一化方式棒状图形显示分析信号的频谱图，Display 选项选择 Chart and Graph 即以图表方式同时显示结果。垂直刻度选择 Linear 线性刻度。More 区保持默认值，在 Output variables 页选择节点 4 进行分析；在 Miscellaneous Options 页 More Options 区的 Title for 栏输入"傅里叶分析"。点击 Simulate 按钮进行分析，分析结果出现在 Analysis Graphs 窗口中，如图 4-21 所示。

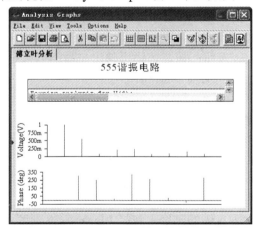

图 4-21　傅里叶分析结果

4.5　噪 声 分 析

噪声分析(Noise Analysis)就是分析噪声对电路的影响程度，Multisim 2001 提供了热噪声、散粒噪声和闪烁噪声 3 种不同类型的噪声模型。热噪声主要是由温度变化引起的；散粒噪声是在有源器件(如晶体管)中，由于载流子是离散的，因而在器件的输出端就出现了噪声；闪烁噪声是由于介质的导电性能的起伏引起的。

当要进行噪声分析时，应启动分析菜单中的 Noise Analysis 命令，出现 Noise Analysis 对话框，如图 4-22 所示。该对话框中包括 5 页，除 Analysis Parameters 和 Frequency Parameters 页外，另外 3 页与直流工作点分析的设置相同。

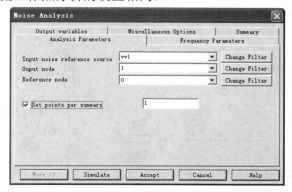

图 4-22　噪声分析 Analysis Parameters 页

1．Analysis Parameters 页

该页用来设置噪声分析的有关参数。

➤ Input noise reference source：设置噪声从哪个信号源加入(必须是交流信号源)。

➤ Output node：选择噪声输出节点，并在此节点将所有噪声求和。

➤ Reference node：设置参考节点，通常是以接地端为参考点，即 0 节点。

➤ Set points per summary：选择是否输出噪声分布的频谱图，本栏右边须输入频谱图频率步进数。

在该页右边有 3 个 Change Filter 按钮分别对应于其左边的栏，其功能和 Output variables 页中的 Filter Unselected Variable 按钮相同，详见直流工作点分析中的 Output Variable 页。

2．Frequency Parameters 页

该页如图 4-23 所示，主要用于对扫描频率进行设置。该页与交流分析中的 Frequency Parameters 页基本相同，仅仅多了一个 Reset to main AC values 按钮，相同的项与交流分析中的设置参数意义是一样的。

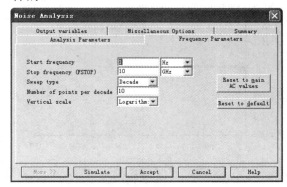

图 4-23　噪声分析 Frequency Parameters 页

➤ Reset to main AC values：用来将所有设置恢复为与交流分析相同的设置值。

3．噪声分析举例

【例 4-5】　分析图 4-24 所示简单 BJT 放大电路在输出端的噪声。

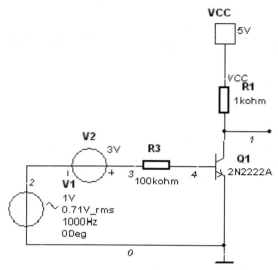

图 4-24　简单 BJT 放大电路

按图 4-24 连接电路，元件参数如图所示。选取分析菜单中的 Noise Analysis…选项，在 Analysis Parameters 页的 Input noise reference source 栏内选择 vv1，在 Output node 栏内选择节点 1，Set point per summary 栏仍设为 0，选中 Set point per summary；Frequency Parameters 页采用默认值；在 Output variables 页选择 innoise_spectrum 和 onoise_spectrum 为分析变量；在 Miscellaneous Options 页 More Options 区的 Title for 栏输入"噪声分析"。点击 Simulate 按钮进行分析，分析结果出现在 Analysis Graphs 窗口中，如图 4-25 所示。

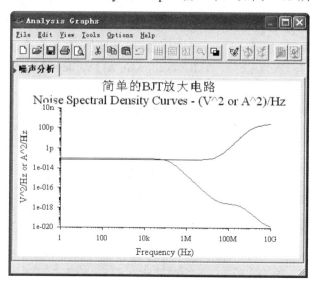

图 4-25　噪声分析结果

4.6　失 真 分 析

　　失真分析(Distortion Analysis)就是分析电路的非线性及相位偏移。通常电路输出信号的失真是由电路增益的非线性或相位不一致造成的。增益的非线性将会产生谐波失真，相位的不一致将产生互调失真。如果电路有一个交流信号，Multisim 的失真分析将计算每点的二次和三次谐波造成的失真；如果电路有两个交流信号(F1>F2)，则分析在三个特定频率上的谐波失真，这三个频率分别是：两个频率之和(F1+F2)，两个频率之差(F1 −F2)，较高频率的两倍与较低频率之差(2F1−F2)。失真分析对于研究瞬态分析中不易观察到的小失真比较有效。

　　当需要进行失真分析时，应选择分析菜单中的 Distortion Analysis…菜单命令，进入图 4-26 所示的 Distortion Analysis 对话框，该对话框有四页，除 Analysis Parameters 页外，其余页的设置与直流工作点分析的设置相同。

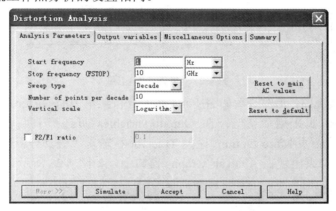

图 4-26　失真分析 Analysis Parameters 页

1．Analysis Parameters 页

该页用来设置失真分析的有关参数。

➢ Start frequency：设置分析起始频率。

➢ Stop frequency(FSTOP)：设置分析终止频率。

➢ Sweep type：设置分析频率轴(水平轴)的变化类型，可选项有 Decade(十倍频)、Octave(八倍频)和 Linear(线性)。

➢ Number of points per decade：设置每十倍频的分析采样点数。

➢ Vertical scale：设置垂直轴的刻度，可选项有 Linear(线性)和 Logarithmic(对数)、Decibel(分贝)、Octave(八倍频)。

➢ F2/F1 ratio：在进行电路内部互调失真分析时，设置 F2 与 F1 的比值。当不选该项时，分析结果为 F1 作用时产生的二次谐波、三次谐波失真。当选择该项时，分析结果为 (F1 + F2)、(F1 −F2)、(2F1 −F2)相对于频率 F1 的互调失真。

➢ Reset to main AC values：用来将所有设置恢复为与交流分析相同的设置值。

➢ Reset to default：将本页所有设置恢复为默认值。

2．失真分析举例

【例 4-6】   对图 4-27 所示单管放大电路进行失真分析。

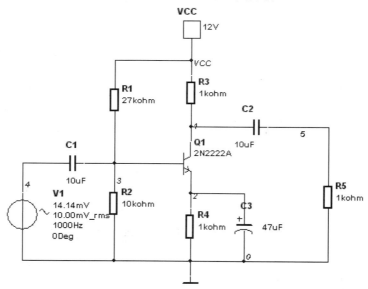

图 4-27   单管放大电路

按图 4-27 连接电路，元件参数如图所示。选取分析菜单中的 Distortion Analysis…选项，Analysis Parameters 页采用默认值；在 Output variables 页选择节点 5 为分析变量；在 Miscellaneous Options 页 More Options 区的 Title for 栏输入"失真分析"。点击 Simulate 按钮进行分析，分析结果出现在 Analysis Graphs 窗口中，如图 4-28 所示。

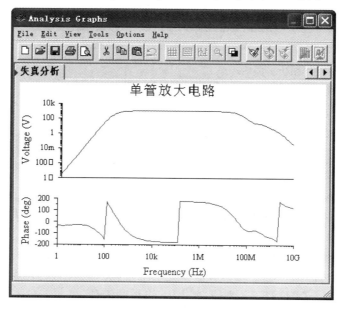

图 4-28   失真分析结果

4.7　直流扫描分析

直流扫描分析(DC Sweep Analysis)是计算电路中某一节点上的直流工作点随电路中一个或两个直流电源的数值变化的情况。直流电源的数值每变动一次，则对电路做几次不同的仿真。

当要进行直流扫描分析时,启动分析菜单中的 DC Sweep Analysis 命令,出现 DC Sweep Analysis 对话框,如图 4-29 所示。该对话框中包括 4 页,除 Analysis Parameters 外,另外 3 页与直流工作点分析的设置相同。

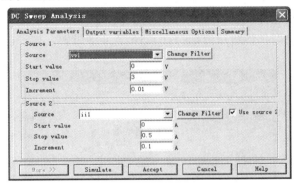

图 4-29　直流扫描分析 Analysis Parameters 页

1．Analysis Parameters 页

该页包括 Source1 区和 Source2 区,每个区各有下列各项:
- Source：选择要扫描的直流电源。
- Start value：设置开始扫描的值。
- Stop value：设置结束扫描的值。
- Increment：设置扫描的增量值。
- Change Filter：选择 Source 表中过滤的内容。

如果要用到第二个电源,则需要选取 Use source 2 选项。

2．直流扫描分析举例

【例 4-7】　采用直流扫描分析的方法测量三极管的特性曲线。

按图 4-30 连接电路。选取分析菜单中的 DC Sweep 选项,Analysis Parameters 页中 Source 1 选择 vv1,变动范围设为 0～3 V,增量设为 0.01 V;选择使用第二个电源 Source2 为 ii1,变动范围设为 0～0.5 A,增量设为 0.1 A;在 Output variables 页选择分析变量 vv1#branch(注意:这个电流的参考方向是从电源的正极流向负极,与极电极电流的参考方向相反,所以 $i_c = -$vv1 #branch),在 Miscellaneous Options 页 More Options 区的 Title for 栏输入"直流扫描分析"。点击 Simulate 按钮进行分析,分析结果出现在 Analysis Graphs 窗口中,如图 4-31 示。

由于同时有两个扫描电源,所以扫描后的结果是一簇曲线,横坐标是 Source1,纵坐标是分析变量,曲线的条数是 Source2 扫描的点数。

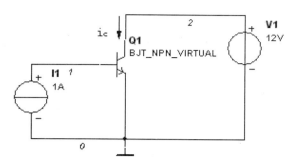

图 4-30　测量三极管特性曲线电路

　　在图 4-31 所示的扫描结果中，整簇曲线是向负的方向变化的，而不是向正方向变化，这个原因在于分析变量选择的是 vv1#branch，而 i_c=-vv1#branch，这个问题可通过软件提供的后处理功能进行解决。具体解决方法将在 4.16 节详细讲解，处理以后的曲线图如图 4-32 所示。

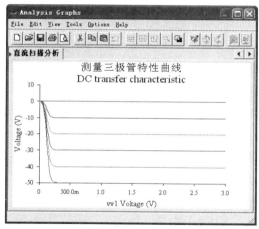

图 4-31　直流扫描结果

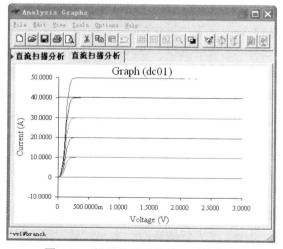

图 4-32　经后处理功能处理后的曲线

4.8 灵敏度分析

灵敏度分析(Sensitivity Analysis)是分析电路的输出变量对电路中元器件参数的敏感程度。Multisim 提供两种灵敏度分析：直流灵敏度分析和交流灵敏度分析。直流灵敏度分析的仿真结果以数值的形式显示，而交流灵敏度分析的结果则以相应的曲线形式显示。

当要进行灵敏度分析时，启动分析菜单中的 Sensitivity…命令，出现图 4-33 所示的对话框。该对话框中包括 4 页，除了 Analysis Parameters 页外，其余 3 页皆与直流工作点分析设置相同。

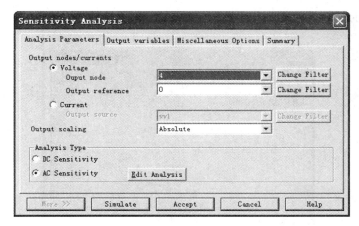

图 4-33　灵敏度仿真分析 Analysis Parameters 页

1．Analysis Parameters 页

图 4-33 所示是灵敏度仿真分析参数设置对话框中的 Analysis Parameters 页，该页各项说明如下。

(1) Output nodes/currents 区：输出分析节点电压或电流设置。

➢ Voltage：选中进行电压灵敏度分析，在 Output node 栏指定所要分析的输出节点；在 Output reference 栏设定参考节点，通常以 0 节点为参考点，即以接地端为参考点。

➢ Current：选中则进行电流灵敏度分析。电流灵敏度分析只能对信号源的电流进行分析，在 Output source 栏内选择要分析的信号源。

➢ Change Filter 按钮：可以选择被过滤的内部节点、外部引脚及子电路中的输出变量。

➢ Output scaling：选择灵敏度输出格式，包括 Absolute(绝对灵敏度)和 Relative(相对灵敏度)两个选项。

(2) Analysis Type 区：设置分析类型。

➢ DC Sensitivity：选择进行直流灵敏度分析，分析结果将产生一个表格。

➢ AC Sensitivity：选择进行交流灵敏度分析，分析结果将产生一个分析图。

当选择进行交流分析时，点击 Edit Analysis 按钮可弹出 Frequency Parameters 对话框，设置与/交流分析中设置相同。

2．灵敏度分析举例

【例 4-8】 对图 4-34 所示电路进行灵敏度分析。

按图 4-34 连接电路，元件参数如图所示。选取分析菜单中的 Sensitivity…选项，在灵敏度分析 Analysis Parameters 页选择进行电压灵敏度分析，选择要分析的节点 4，参考节点设为节点 0，选择直流灵敏度分析；在 Output variables 页选择全部变量；在 Miscellaneous Options 页 More Options 区的 Title for 栏输入"直流灵敏度分析"。点击 Simulate 按钮进行分析，分析结果如图 4-35 所示。

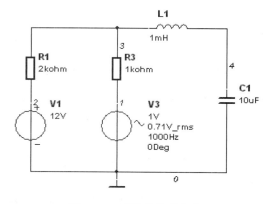

图 4-34　灵敏度仿真电路

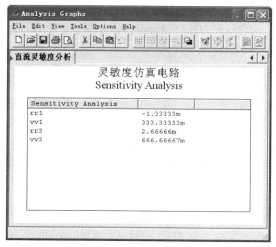

图 4-35　直流灵敏度分析结果

若选择交流灵敏度分析，则应在 Miscellaneous Options 页 More Options 区的 Title for 栏输入"交流灵敏度分析"，其余设置和直流灵敏度分析一样，分析结果如图 4-36 所示。

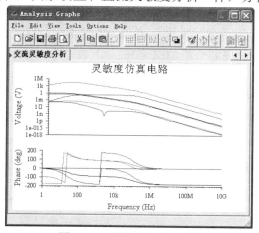

图 4-36　交流灵敏度分析结果

4.9　参数扫描分析

　　参数扫描分析(Parameter Sweep Analysis)是指在电路中某些元件的参数在一定范围内变化时，对电路直流工作点、瞬态特性以及交流频率特性的影响进行分析，以便对电路的某些性能指标进行优化。

　　当要进行参数扫描分析时，启动分析菜单中的 Parameter Sweep…命令，出现图 4-37 所示 Parameter Sweep 对话框。该对话框中包括 4 页，除了 Analysis Parameters 页外，其余 3 页均与直流工作点分析的设置相同。

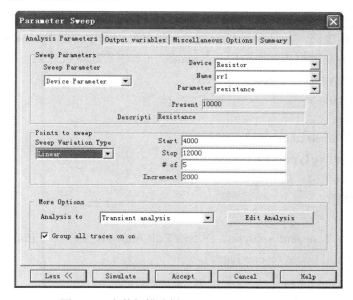

图 4-37　参数扫描分析 Analysis Parameters 页

1．Analysis Parameters 页

图 4-37 是参数扫描分析参数设置对话框中 Analysis Parameters 页，该页各项说明如下：

(1) Sweep Parameters 区：选择扫描的元件及参数。

➤ Sweep Parameter：选择扫描参数类型，可选项有 Device Parameter(元件参数)和 Mode Parameter(模型参数)。

➤ Device Type：元件/模型类别，包括 BJT(三极管类)、Capacitor(电容类)、Diode(二极管类)、Resistor(电阻类)、Vsource(电压源类)等。

➤ Name：选择元件/模型序号。

➤ Parameter：指定参数类型。

➤ Present Value：显示该参数当前设定值。

➤ Description：显示该参数说明。

(2) Points to sweep 区：设置扫描的点数。

➤ Sweep Variation Type：设置扫描的方式，包括 Decade(十倍刻度扫描)、Octave(八倍

刻度扫描)、Linear(线性刻度扫描)、List(按列表扫描)。如果选择按列表扫描，需在右边栏内输入要扫描的各参数值。若选择其他扫描方式，则在右边出现 Start(扫描起始值)、Stop(扫描终止值)、#of points(设置扫描点数)和 Increment(设置扫描间距)，扫描点数和扫描间距两者设其一即可。

(3) More 区：若没有打开，可按 More 按钮打开。

➢ Analysis to：选择分析类型，包括 DC Operating Point Analysis(直流工作点分析)、AC Analysis(交流分析)和 Transient Analysis(瞬态分析)。点击 Edit Analysis 按钮可以进一步编辑设置。

➢ Group all traces on one plot：选中则将所有分析的曲线放置在同一个分析图中显示。

2. 参数扫描分析举例

【例 4-9】   分析图 4-38 所示电路中电阻 R1 对输出信号的影响。

按图 4-38 连接电路，元件参数如图所示。选取分析菜单中的 Parameter Sweep...命令，在 Parameter Sweep 对话框中的 Analysis Parameters 页中各选项设置如下：

➢ Sweep Parameter：Device parameter；

➢ Device：Resistor；

➢ Name：rr1；

➢ Parameter：Resistance；

➢ Sweep Variation Type：Linear；

➢ Start：4000(单位：Ω)；

➢ Stop：12000；

➢ #of：5；

➢ Analysis to：Transient Analysis，并点击 Edit Analysis 按钮，将 End time 修改为 0.02；

➢ 选中 Group all traces on one Plot 选项。

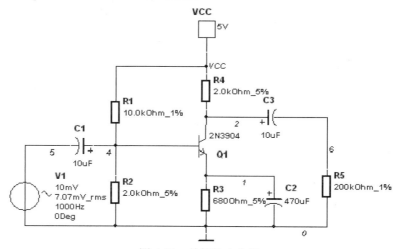

图 4-38   单管放大电路

在 Output variables 页选择节点 6 为分析变量；在 Miscellaneous Options 页 More Options 区的 Title for 栏输入"参数扫描分析"。点击 Simulate 按钮进行分析，分析结果如图 4-39 所示。从图 4-39 所示的分析结果可以看出：当 R1 电阻为 12000 Ω 时，输出信号波形没有放大，电路工作于接近截止状态；当 R1 电阻为 4000 Ω时，输出信号波形开始出现饱和失真，电路工作于饱和状态。R1 在 6000～10000 Ω之间取值，电路处于放大状态。

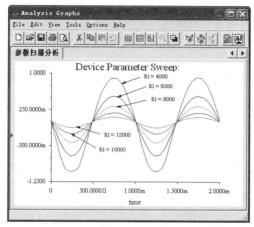

图 4-39 参数扫描分析结果

4.10 温度扫描分析

温度扫描分析(Temperature Sweep Analysis)用于研究温度变化对电路性能的影响。通常电路的仿真都是假设在 27℃下进行的，由于许多电子器件与温度有关，当温度变动时，电路的特性也会产生一些改变。该分析相当于在不同的工作温度下多次对电路进行仿真。注意：Multisim 中的温度扫描分析只对元件模型中具有温度特性的元件有效。

当要进行温度扫描分析时，启动分析菜单中的 Temperature Sweep…命令，出现图 4-40 所示的 Temperature Sweep Analysis 对话框。该对话框中包括 4 页，除了 Analysis Parameters 页外，其余 3 页均与直流工作点分析的设置相同。

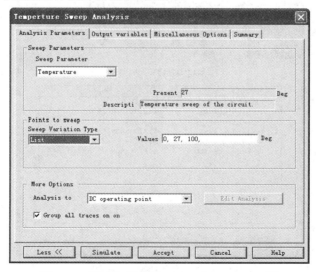

图 4-40 温度扫描分析 Analysis Parameters 页

1. Analysis Parameters 页

图 4-40 所示为温度扫描分析对话框中的 Analysis Parameters 页。在 Sweep Parameters 区只有一个选项 Temperature。Points to sweep 区和 More Options 区与参数扫描设置一样。具体设置方法参考参数扫描分析中 Analysis Parameters 页的设置。

2. 温度扫描分析举例

【例 4-10】　分析温度对图 4-41 所示电路静态工作点的影响。

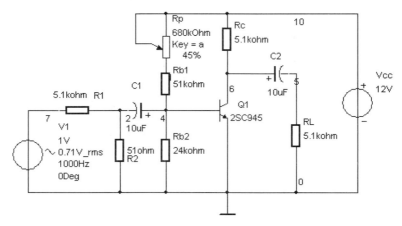

图 4-41　单管放大电路

按图 4-41 所示连接电路，元件参数如图所示。选取分析菜单中的 Temperature Sweep…命令，在 Temperature Sweep Analysis 对话框 Analysis Parameters 页中各选项设置如下：Sweep Variation Type 栏选择 List 选项，然后在右边 Value 栏内输入要扫的温列表 0，27，100，温度后面不用带单位；在 More 区选择分析类型为直流工作点分析；在 Output variables 页选择节点 4 和 6 为分析变量；在 Miscellaneous Options 页 More Options 区 Title for 栏输入"温度扫描分析"。点击 Simulate 按钮进行分析，分析结果如图 4-42 所示。

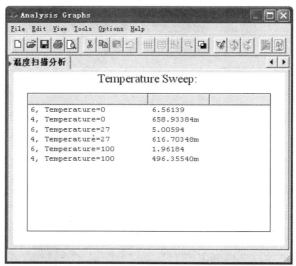

图 4-42　温度扫描分析结果

从分析结果可以看到：4 号节点电压(即三极管 B、E 之间的电压 V_{BE})随着温度的增加而减小。6 号节点的电压随着温度的增加也减小，因为 $V_6 = Vcc - IcRc$，说明静态电流 Ic 随着温度的增加而增加。

4.11　极点-零点分析

极点-零点分析(Pole-Zero Analysis)用来确定电路的小信号交流传输函数的零点和极点。在进行极点-零点分析时，首先计算电路的直流工作点，进而确定非线性元件在交流小信号条件下的线性化模型，再由模型化电路求传输函数的极点和零点。

当要进行极点零点分析时，选择 Simulate/Analysis/Pole Zero…命令，出现图 4-43 所示的 Pole-Zero Analysis 对话框。该对话框中有 3 页，除了 Analysis Parameters 页外，其余 2 页与直流工作点分析中对应页的设置相同。

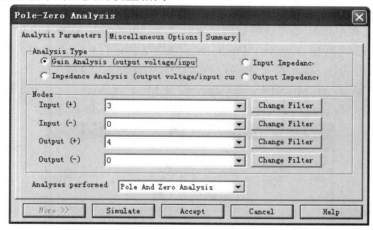

图 4-43　极点-零点分析 Analysis Parameters 页

1．Analysis Parameters 页

图 4-43 所示为极点-零点分析对话框中 Analysis Parameters 页。

(1) Analysis Type 区：选择分析传递函数类型，有 4 个可选项。

➤ Gain Analysis(output voltage/input Voltage)：选中进行电路的增益分析(即输出电压与输入电压之比)。

➤ Impedance Analysis(output voltage/input current)：选中进行电路的互阻抗分析(即输出电压与输入电流之比)。

➤ Input Impedance：选中分析电路的输入阻抗。

➤ Output Impedance：选中分析电路的输出阻抗。

(2) Nodes 区：设定网络的输入、输出端。

➤ Input(+)：设定输入信号正端点的节点编号。

➤ Input(−)：设定输入信号负端点的节点编号，通常选择 0 号节点。

➤ Output(+)：设定输出信号正端点的节点编号。

➤ Output(−)：设定输出信号负端点的节点编号，通常选择 0 号节点。

(3) Analysis performed：选择所要执行的分析项目，可选项有 Pole And Zero Analysis(极点与零点分析)、Pole Analysis(极点分析)和 Zero Analysis(零点分析)。

2．极点-零点分析举例

【例 4-11】　　分析图 4-44 所示二阶动态电路的极点-零点。

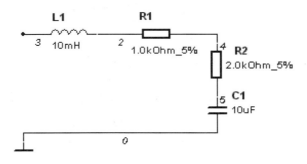

图 4-44　二阶动态电路

按图 4-44 连接电路，元件参数如图所示。选择 Simulate/Analysis/Pole Zero…命令，在 Pole-Zero Analysis 对话框 Analysis Parameters 页中选择进行电路的增益分析，输入信号正端点的节点编号设为 3，输出信号正端点的节点编号设为 4，负端点的节点都选 0 号节点，选择分析极点和零点；在 Miscellaneous Options 页 More Options 区的 Title for 栏输入"极点-零点分析"。点击 Simulate 按钮进行分析，分析结果如图 4-45 所示。

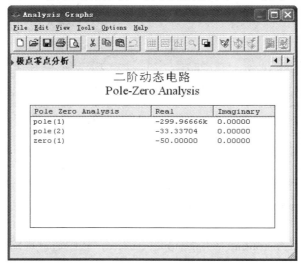

图 4-45　极点-零点分析结果

由极点-零点分析结果可知，该电路的电压增益传输函数有两个极点和一个零点。

4.12　传递函数分析

传递函数分析(Transfer Function Analysis)是分析计算在交流小信号条件下，电路的输出变量与作为输入变量的独立电源之间的比值，同时计算出相应的输入阻抗和输出阻抗。

当要进行传递函数分析时,选择 Simulate/Analysis/ Transfer Function…命令,出现图 4-46 所示的 Transfer Function Analysis 对话框。该对话框中有 3 页,除了 Analysis Parameters 页外,其余 2 页与直流工作点分析中对应页的设置相同。

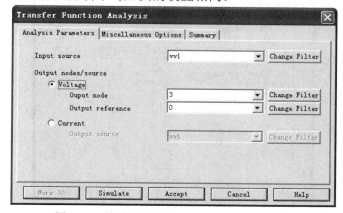

图 4-46　传递函数分析 Analysis Parameters 页

1. Analysis Parameters 页

Analysis Parameters 页各项说明如下:

(1) Input source:选择所要分析的输入电源。

(2) Output nodes/source:输出节点/信号设置。

➤ Voltage:选择电压为输出变量。在 Output node 栏中指定分析的节点,在 Output reference 栏中指定参考节点。

➤ Current:选择电流为输出变量。

➤ Change Filter:选择被过滤的内部节点、外部引脚及子电路中的输出变量。

2. 传递函数分析举例

【例 4-12】　分析图 4-47 所示单级 BJT 放大电路的微变等效电路的传输函数。

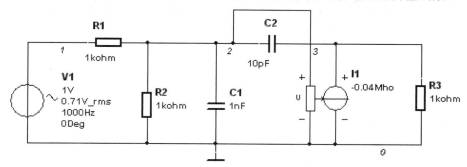

图 4-47　单级 BJT 放大电路的微变等效电路

按图 4-47 所示连接电路。选择分析菜单中的 Transfer Function…命令,在 Transfer Function Analysis 对话框 Analysis Parameters 页中的 Input source 项选择 vv1;选中 Voltage,在 Output node 栏选择节点 3 为输出节点,在 Output reference 栏选择节点 0 为参考节点;在 Miscellaneous Options 页 More Options 区 Title for 栏输入"传递函数分析"。点击 Simulate 按钮进行分析,分析结果如图 4-48 所示。

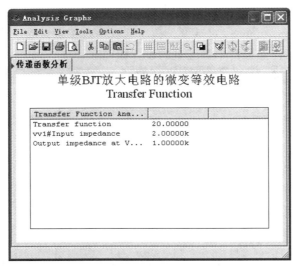

图 4-48   传递函数分析结果

4.13   最坏情况分析

最坏情况分析(Worst Case Analysis)是一种统计分析，所谓最坏情况是指电路中的元件参数在其容差域边界点上取某种组合时所引起的电路性能的最大偏差。最坏情况分析是在给定电路元件参数容差的情况下，估算出电路性能相对于标称值时的最大偏差。

当要进行最坏情况分析时，选择分析菜单中的 Worst Case...命令选项，出现图 4-49 所示的 Worst Case Analysis 参数设置对话框。该对话框中有 4 页，除 Model tolerance list 页和 Analysis Parameters 页外，其余 2 页与直流工作点分析中对应页的设置相同。

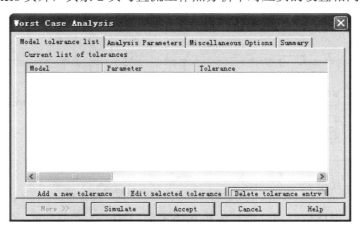

图 4-49   最坏情况分析 Model tolerance list 页

1. Model tolerance list 页

Current list of tolerances：目前设置的元件模型容差列表。点击下方的 Add a new tolerance 按钮，进入图 4-50 所示的 Tolerance 对话框，在此添加容差设置项目。

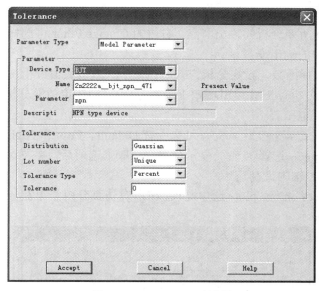

图 4-50　Tolerance 对话框

(1) Parameter Type：选择所要设置的参数类型，可选项有 Device Parameter(元件参数) 和 Mode Parameter(模型参数)。

(2) Parameter 区：参数设置区

➤ Device Type：元件/模型类别，包括有 BJT(三极管类)、Capacitor(电容器类)、Diode(二极管类)、Resistor(电阻类)、Vsource(电压源类)等。

➤ Name：选择元件/模型序号。

➤ Parameter：选择所要设定的参数，不同的元件有不同的参数。

➤ Present Value：当前该参数的设定值(不可更改)。

➤ Description：Parameter 栏中所选参数的说明(不可更改)。

(3) Tolerance 区：设定容差区

➤ Distribution：选择元件参数容差的分布，可选项有 Guassian(高斯分布)和 Uniform(均匀分布)。

➤ Lot number：选择容差随机数出现方式，可选项有 Lot 和 Unique。选择 Lot 表示各种元件参数都有相同的随机产生的容差率，较适用于集成电路；选择 Unique 表示每一个元件参数随机产生的容差率各不相同，较适用于离散元件电路。

➤ Tolerance Type：选择容差的形式，可选项有 Absolute(绝对值)和 Percent(百分比)。

➤ Tolerance value：根据所选的容差形式设置容差值。

设定完后，点击 Accept 按钮即可添加到图 4-49 所示的容差列表中。若要在列表中选择某个容差项目，点击 Edit selected tolerance 按钮，可再次开启图 4-50 所示的对话框，在此可编辑选择的容差设置；若在列表中选择某个容差项目，可点击 Delete tolerance entry 按钮，删除选取的容差项目。

2. Analysis Parameters 页

Analysis Parameters 页如图 4-51 所示，各项说明如下：

➢ Analysis：选择所要进行的分析，可选项有 DC operating point 和 AC analysis。

➢ Output：选择所要分析的输出节点。右边的 Change Filter 可选择被过滤的内部节点、外部引脚及子电路中的输出变量。

➢ Function：选择函数，设定分析方式，包括 MAX(最大值分析)、MIN(最小值分析)、RISE EDGE(上升沿分析)、FALL EDGE(下降沿分析)。当选定边沿分析时，Threshold 栏中设定边沿分析的门限电压。

➢ Direction：设定容差变化方向，可选项有 Default、Low 和 High。

➢ Restrict to range：选择 X 轴的显示范围，选取本选项后，在左 X 栏设定 X 轴的最低值，在右 X 栏设定 X 轴的最高值。

➢ Group all traces on one plot：选中此项，将所有仿真分析结果在一个图形中显示出来，否则，将分别输出显示。

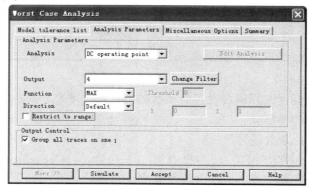

图 4-51　最坏情况分析 Analysis Parameters 页

3．最坏情况分析举例

【例 4-13】　对图 4-52 所示差动放大电路进行最坏情况分析。

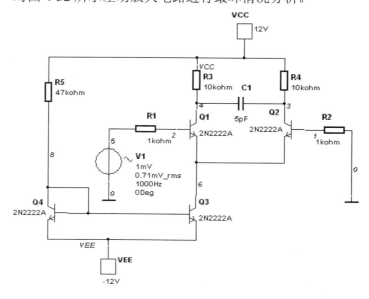

图 4-52　差动放大电路

　　按图 4-52 所示连接电路，选择分析菜单中的 Worst Case…命令，在 Worst Case Analysis 参数设置对话框 Model tolerance list 页中点击下方的 Add a new tolerance 按钮，进入图 4-50 所示的 Tolerance 对话框添加容差设置项目。

　　对于本例，假设 BJT 三极管的 bf 值容差为 20%，电阻 R5 的容差为 15%，直流电源 VCC 和 VEE 的容差为 10%，该页的设置如下。

　　(1) BJT 容差的设置。

　➢ Parameter Type：Model Parameter；

　➢ Device Type：BJT；

　➢ Name：2n2222a_bjt_npn_471；

　➢ Parameter：bf；

　➢ Distribution：Guassian；

　➢ Lot number：Unique；

　➢ Tolerance Type：Percent；

　➢ Tolerance value：20。

　　(2) R5 容差设置。

　➢ Parameter Type：Device Parameter；

　➢ Device Type：Resistor；

　➢ Name：rr5；

　➢ Parameter：Resistance；

　➢ Distribution：Guassian；

　➢ Lot number：Unique；

　➢ Tolerance Type：Percent；

　➢ Tolerance value：15。

　　(3) VCC 电源的容差设置。

　➢ Parameter Type：Device Parameter；

　➢ Device Type：Vsource；

　➢ Name：vccvcc；

　➢ Parameter：dc；

　➢ Distribution：Guassian；

　➢ Lot number：Unique；

　➢ Tolerance Type：Percent；

　➢ Tolerance value：10。

　　(4) VEE 电源的容差设置。

　　与 VCC 相同，只要在 Name 栏中选 vccvee 即可。在 Analysis Parameter 页中的设置如下：

　➢ Analysis：DC operating point；

　➢ Output：4；

　➢ Function：MAX；

　➢ Direction：Default；

> ➢ 选中 Group all traces on one plot。

在 Miscellaneous Options 页 More Options 区 Title for 栏输入"最坏情况分析"。点击 Simulate 按钮进行分析，分析结果如图 4-53 所示。

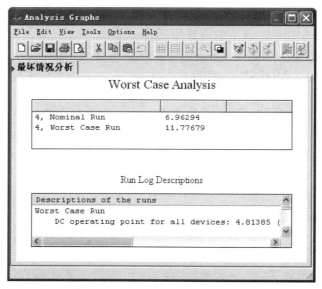

图 4-53　最坏情况分析结果

4.14　蒙特卡罗分析

蒙特卡罗分析(Monte Carlo Analysis)用于电路统计分析，对于电路中一批元器件的误差或者一个元件的误差对电路性能的影响，通过随机抽查，误差方向的叠加是随机的(最坏情况分析的误差叠加方向是一致的)。若几次抽查的结果(分析曲线)是吻合的，说明误差对电路的影响不大，若是分离的，则说明电路性能受影响。图 4-54 是 Monte Carlo Analysis 参数设置对话框。

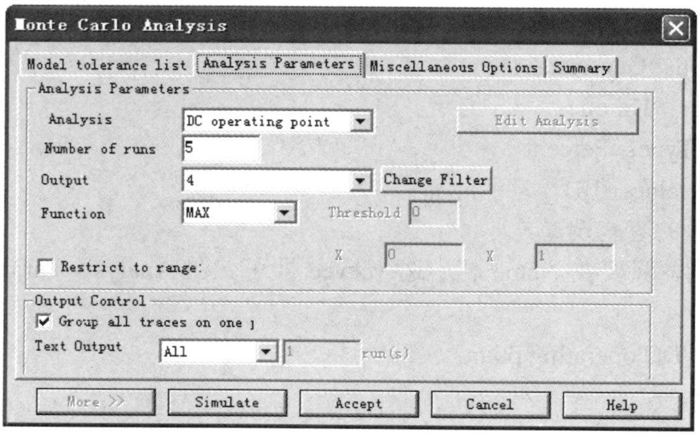

图 4-54　蒙特卡罗分析 Analysis Parameters 页

1．Analysis Parameters 页

蒙特卡罗分析的参数设置与最坏情况分析的参数设置基本相同，其差别是在 Analysis Parameters 页增加了运行次数参数设置，分析项目增加了瞬态分析，减少了一个变化方向设置栏。

➢ Rumber of runs：设置运行次数。

2．蒙特卡罗分析举例

【例 4-14】　对图 4-52 所示差动放大电路进行蒙特卡罗分析。

选择分析菜单中的 Monte Carlo…命令，在 Monte Carlo Analysis 参数设置对话框 Model tolerance list 页中的设置与例 4-12 中的设置完全相同；在 Analysis Parameters 页中 Number of runs 栏设置 5，其余同例 4-12；在 Miscellaneous Options 页 More Options 区的 Title for 栏输入"蒙特卡罗分析"。点击 Simulate 按钮进行分析，分析结果如图 4-55 所示。

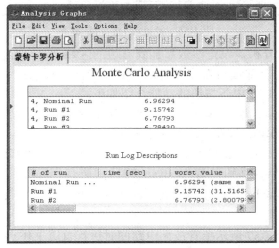

图 4-55　蒙特卡罗分析结果

从分析结果可以看出：通过对电路元件在容差范围内随机抽样仿真 5 次的结果吻合得不是很好，说明电路的参数会很大程度影响到电路的性能。

4.15　批处理分析

批处理分析(Batched Analysis)是将一些指定的分析功能依次执行，批处理分析是各种分析功能的组合。

当要执行批处理分析时，选取分析功能菜单中的 Batched Analysis…选项，电路窗口中出现图 4-56 所示的对话框。

1．批处理分析简介

首先在左侧 Available 区域中选取所要执行的分析功能，再按 ▢▢▢▢▢ 按钮，即可打开选定的分析功能参数设置对话框。该对话框与原分析功能参数设置对话框基本相同，其操作也一样，所不同的是 Simulate 按钮换成了 Add to list 按钮。在该对话框中设置各种参数后，点击 Add to list 按钮，即回到 Batched Analysis 对话框，选定的分析功能出现在对话框右边的 Analysis To 区中。

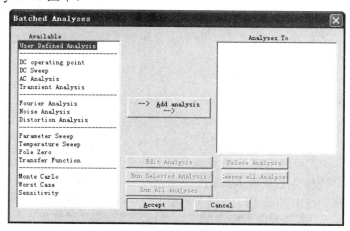

图 4-56 批处理分析对话框

继续选定所希望的分析，设定参数后加到右边的区域中。全部选定后，点击 Run All Analysis 按钮即可执行全部选定在 Analysis To 区中的分析功能，仿真结果全部出现在 Analysis Graphs 中。图 4-56 中各按钮的功能介绍如下：

➢ Edit Analysis 按钮：选取 Analysis To 区中某个分析功能，对其参数进行修改。

➢ Run Selected Analysis 按钮：进行仿真分析。

➢ Delete Analysis 按钮：选取 Analysis To 区中某个分析，将其删除。

➢ Remove all Analysis 按钮：将 Analysis To 区中所有分析功能删除。

➢ Accept：保留 Batched Analysis 对话框中的所有选择设置，待以后使用。

2．批处理分析举例

【例 4-15】   对图 4-57 所示单管放大电路同时进行直流工作点分析、交流分析和瞬态分析。

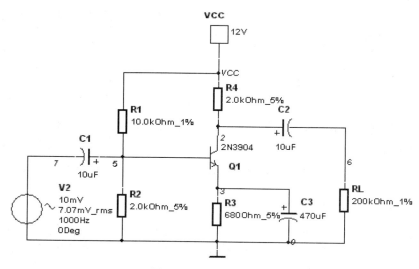

图 4-57 单管放大电路

按图 4-57 所示连接电路，要同时对电路进行多种分析，启动分析菜单中的 Batched Analysis 命令出现图 4-56 所示的对话框，在左侧 Available 区域中选取 DC operating point，点击 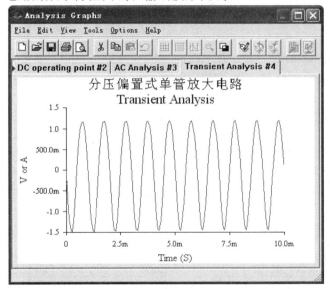 按钮，弹出直流工作点分析的参数设置对话框，选定所有变量为分析变量，点击 Add to list 按钮，即回到 Batched Analysis 对话框，DC operating point 出现在对话框右边 Analysis To 区中。

按同样的方法选取交流分析和瞬态分析并添加到 Analysis To 区中，在弹出参数设置对话框时，选定节点 6 为分析变量。点击 Run All Analysis 按钮执行全部选定的分析功能，仿真结果全部出现在 Analysis Graphs 中，如图 4-58 所示。切换显示页，分别显示的是电路的直流工作点的值、电路的频率特性曲线和输出波形曲线。

图 4-58　批处理分析结果

4.16　Multisim 的后处理器

Multisim 提供的后处理器(Postprocesser)是专门用来对仿真结果进行进一步数学处理的工具，如将仿真得到的曲线或数据取绝对值、开平方、相乘等。处理的结果仍然可以用曲线或数据表的形式显示出来。

1. 后处理器简介

当要进行后处理时，启动菜单 Simulate/Postprocesser…命令或点击工具栏中的 按钮，即可打开后处理器对话框，如图 4-59 所示。该对话框中的各项功能介绍如下：

(1) Analysis Results 区：存放电路已经进行过的仿真分析结果。每项左边有个"+"或"−"，若是"+"，则可点击展开，选取其中的一项分析，分析中的所有变量将出现在右边的 Analysis Variables 区中。按下方的 Set Default Analysis Results 按钮，则恢复默认的分析结果。

(2) Trace to plot 区：放置所要描绘的波形曲线(Graph)或图表(Chart)的变量或函数。

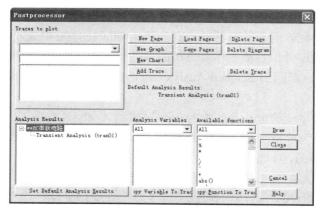

图 4-59　后处理器对话框

（3）Analysis Variables 区：显示在 Analysis Results 区中选取的分析项目的所有变量。在该区中，先选中要处理的变量，再点击下方的 Copy Variable To Trace 按钮，将该变量放入 Trace to plot 区。

（4）Available functions 区：Multisim 提供的数学运算函数，见表 4-1。

表 4-1　后处理器中的函数

符　号	运算功能	符　号	运算功能
+	加	real()	取复数实数部分
−	减	image()	取复数虚数部分
*	乘	vi()	vi(x)=image(v(x))
/	除	vr()	vr(x)=real(v(x))
^	幂	mag()	求复数的幅值
%	百分比	ph()	求复数的相位
,	复数，如 1,2=1+j2	norm()	归一化运算
abs()	绝对值	md()	取随机数
sqrt()	平方根	mean()	求平均值
sin()	正弦值	vector(number)	number 个元素向量
cos()	余弦值	length()	求向量的长度
tan()	正切值	deriv()	微分
atan()	余切值	max()	求最大值
gt	大于	min()	求最小值
lt	小于	vm()	vm(x)=mag(v(x))
ge	大于等于	vp()	vp(x)=ph(v(x))
le	小于等于	yes	是
ne	不等于	no	否
eq	等于	false	假
and	逻辑与	pi	π
or	逻辑或	e	自然对数的底数
not	逻辑非	c	光速
db()	取 dB 值	i	常数，$i^2=-1$
log()	以 10 为底的对数	kelvin	摄氏温度
ln()	以 e 为底的对数	echarge	基本电荷
exp()	e 的幂	boltz	波尔兹曼常数
j()	虚部，如 j3	planck	普朗克常数

根据变量的处理需要，选取所要进行的数学运算符，双击运算符或按 Copy Function To Trace 按钮，将数学运算符放入 Trace to plot 区。

后处理器对话框中各按钮的功能如下：

➤ New Page：在 Traces to plot 区中新增一页，在弹出的对话框中输入该页的名称。

➤ New Graph：新增一页波形图。

➤ New Chart：新增一页图表。

➤ Add Trace：在所编辑的页中加入一条曲线或一个图表。

➤ Load Pages：加载指定的页。

➤ Delete Diagram：删除选择的图表或曲线。

➤ Draw：绘出 Traces to plot 区中编辑的曲线和图表。

➤ Close：关闭后处理器对话框。

➤ Cancel：取消当前的编辑并关闭对话框。

2．后处理器应用举例

【**例 4-16**】　利用直流扫描方法测得的三极管特性曲线如图 4-60 所示，可以看出整簇曲线是向负方向变化而不是向正方向变化的，用后处理器将曲线处理成三极管正常的特性曲线。

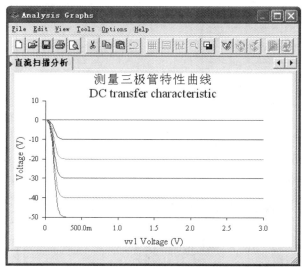

图 4-60　直流扫描结果

整簇曲线为负方向变化的原因是：在直流扫描分析时，输出变量选择的是 vv1#branch，而 $i_c=-vv1\#branch$。下面利用后处理器来求得 i_c 的曲线，基本操作步骤如下：

(1) 对电路进行直流扫描分析，得到图 4-60 所示曲线(具体方法如例 4-7)。

(2) 点击设计工具栏中的 ⚒ 按钮或启动菜单 Simulate/Postprocesser…命令，打开后处理器对话框。在对话框中点击 New Page 按钮，在出现的对话框中输入"三极管特性曲线"，新增加一页放置处理后的结果。再点击 New Graph，在弹出的对话框中输入"Graph1"。

(3) 后处理函数的建立。在 Analysis Results 区中存在刚才直流扫描分析的结果，点击 DC transfer characteristic (dc01)，将其分析的变量送到 Analysis Variables 区，如图 4-61 所示。

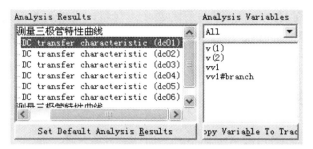

图 4-61　分析变量的传送

在 Available functions 区中选取"－"号，点击 Copy Function To Trace 按钮，将"－"号放到 Traces to plot 区建立后处理函数方程的栏中。然后在 Analysis Variables 区中选取变量 vv1#branch，点击 Copy Variable To Trace 按钮，将 vv1#branch 放到"－"号的后面。这样在 Traces to plot 区处理函数方程的栏中出现函数 －vv1#branch，如图 4-62 所示。

点击 Add Trace 按钮，将函数方程移入到下面待分析栏。

依次选取其他的分析结果，如 DC transfer characteristic (dc02)，重复步骤(3)，全部曲线的后处理函数建立后 Traces to plot 区的设置如图 4-63 所示。

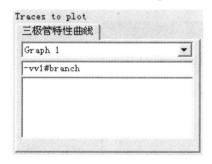

图 4-62　后处理函数的建立

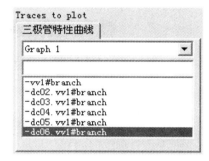

图 4-63　Trace to plot 区中的设置

(4) 点击 Draw 按钮，按设置的后处理方程画出处理后的曲线，结果如图 4-64 所示。

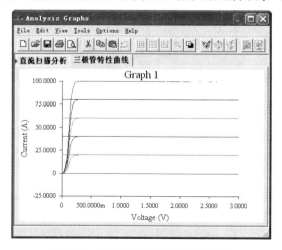

图 4-64　经后处理器处理后的曲线

第 5 章　　电路基础 Multisim 仿真实验

5.1　直流电路仿真实验

5.1.1　验证欧姆定律

1．实验要求与目的

(1) 验证欧姆定律的正确性，熟练掌握电压 U、电流 I 和电阻 R 之间的关系。

(2) 研究电压表和电流表内阻对测量的影响。

2．实验原理

欧姆定律的表达式：

$$R = \frac{U}{I}, \quad U = IR, \quad I = \frac{U}{R}$$

采用不断地改变直流电路的相关参数的方法，监测电路中电压和电流的变化，从而归纳出其规律，验证欧姆定律的正确性。

3．实验电路

改变电阻时欧姆定律的实验电路如图 5-1 所示，改变电压时欧姆定律的实验电路如图 5-2 所示。

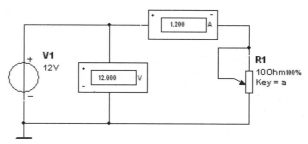

图 5-1　改变电阻时欧姆定律实验电路

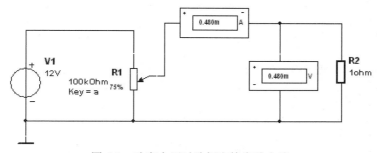

图 5-2　改变电压时欧姆定律实验电路

4. 实验步骤

(1) 按图 5-1 连接电路，电位器的电阻 R_1 为 10 Ω，通过键盘"a"或"shift+a"改变箭头指向部分电阻占总电阻的比例，0%对应 0 Ω，100%对应 10 Ω。依次改变电阻的值，打开仿真开关，将测量结果填入表 5-1 中。

表 5-1　改变电阻时的测量结果

R_1/Ω	10	8	6	5	4	2	1
U/V	12.000	12.000	12.000	12.000	12.000	12.000	12.000
I/A	1.2000	1.333	2.000	2.400	3.000	6.000	12.000

(2) 按图 5-2 连接电路，调节电位器可以改变电阻 R_2 两端的电压，依次改变电压的值，打开仿真开关，将测量结果填入表 5-2 中。

表 5-2　改变电压时的测量结果

R_2/Ω	1	1	1	1	1	1	1
U/mV	1.200	0.600	0.480	0.300	0.240	0.171	0.133
I/mA	1.200	0.600	0.480	0.300	0.240	0.171	0.133

在以上两个测量电路中，图 5-1 采用的是电压表外接的测量方法，实际测量的电压值是电阻和电流表串联后两端的电压。电压表的读数除了电阻两端的电压，还包含了电流表两端的电压。图 5-2 采用的是电压表内接的测量方法，实际测量的电流值是电阻和电压表并联后的电流，电流表的读数除了有电阻元件的电流外，还包括了流过电压表的电流。显然，无论采用哪种电路都会引起测量的误差。由于 Multisim 提供的电流表的默认内阻为 1×10^{-9} Ω，电压表的内阻为 1 GΩ，所以仿真的误差很小。但在实际测量中电压表的内阻不是足够大，电流表的内阻也不是足够小，因此在实际测量中会引起一定的误差。

(3) 采用图 5-3 所示的电压表外接测量方法分别测量 1 Ω、10 Ω、100 Ω、1 kΩ、10 kΩ 电阻的电压和电流。双击电压表和电流表，打开其属性框，将电压表内阻设定为 200 kΩ，电流表的内阻设定为 0.1 Ω。测量的结果填入表 5-3 中。

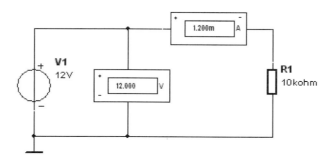

图 5-3　电压表外接测量电路

表 5-3　电压表外接法改变电阻时的测量结果

R/Ω	1	10	100	1×10^3	10×10^3
U/V	12	12	12	12 V	12
I/A	10.909	1.188	0.120	0.012	1.2×10^{-6}
$U/I/\Omega$	1.1	10.1	100	1×10^3	10×10^3

（4）采用图 5-4 所示的电压表内接测量方法分别测量 1 Ω、10 Ω、100 Ω、1 kΩ、10 kΩ 电阻的电压和电流。将电压表内阻设定为 200 kΩ，电流表的内阻设定为 0.1 Ω。测量的结果填入表 5-4 中。

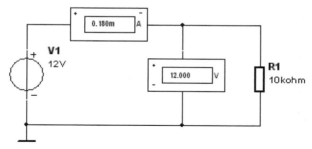

图 5-4　电压表内接测量电路

表 5-4　电压表内接法改变电阻时的测量结果

R/Ω	1	10	100	1×10^3	10×10^3
U/V	10.909	11.881	11.988	11.999	12
I/A	10.909	1.188	0.120	0.012	1.260×10^{-6}
$U/I/\Omega$	1	1	99.983	999.917	9.524×10^3

5. 数据分析与结论

分析表 5-2 所列的测量数据，调节电位器，电压改变，电流也随之改变，但 U、I、R 三者之间完全符合欧姆定律的规律，即

$$R = \frac{U}{I}$$

分析表 5-3 和表 5-4 所列的测量结果，电压表和电流表的内阻对测试结果有影响。为了减小测量误差，当被测电阻比较大时应采用电压表外接法测量，当被测电阻比较小时，应采用电压表内接法测量。

5.1.2　求戴维南及诺顿等效电路

1. 实验要求与目的
（1）求线性含源二端网络的戴维南等效电路或诺顿等效电路。
（2）掌握戴维南定理及诺顿定理。

2. 实验原理

根据戴维南定理和诺顿定理，任何一个线性含源二端网络都可以等效为一个理想电压源与一个电阻串联的实际电压源形式或一个理想电流源与一个电阻并联的实际电流源形式。这个理想电压源的值等于二端网络端口处的开路电压，这个理想电流源的值等于二端网络两端口短路时的电流，这个电阻的值是将含源二端网络中的独立源全部置 0 后两端口间的等效电阻。根据两种实际电源之间的互换规律，这个电阻实际上也等于开路电压与短路电流的比值。

3. 实验电路

含源二端线性网络如图 5-5 所示。

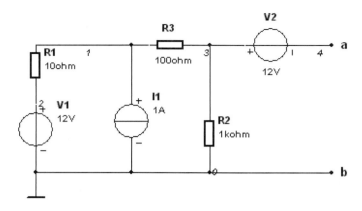

图 5-5　含源二端线性网络

4．实验步骤

(1) 在电路窗口中编辑图 5-5，节点 a、b 的端点通过启动 Place 菜单中的 Place Junction 命令获得；a、b 文字标识在启动 Place 菜单中的 Place Text 后，在确定位置输入所需的文字即可。

(2) 从仪器栏中取出万用表，并设置到直流电压档位，连接到 a、b 两端点，测量开路电压，测得开路电压 U_{ab} = 7.820 V，如图 5-6 所示。

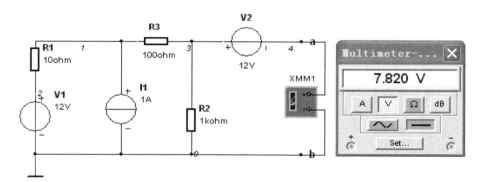

图 5-6　开路电压的测量电路及测量结果

(3) 将万用表设置到直流电流档位，测量短路电流，测得的短路电流 I_s = 78.909 mA，如图 5-7 所示。

(4) 求二端网络的等效电阻。

方法一：通过测得的开路电压和短路电流，可求得该二端网络的等效电阻。

$$R_0 = \frac{U_{ab}}{I_s} = \frac{7.820}{78.909} = 0.0991 \text{ k}\Omega = 99.1 \ \Omega$$

图 5-7　短路电流测量结果

方法二：将二端网络中所有独立源置 0，即电压源用短路代替，电流源用开路代替，直接用万用表的欧姆档测量 a、b 两端点之间的电阻。测得 R_0 = 99.099 ≈ 99.1 Ω，如图 5-8 所示。

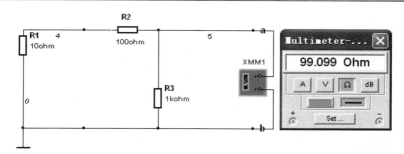

图 5-8　等效电阻的测量电路和测量结果

(5) 画出等效电路。戴维南等效电路如图 5-9(a)所示，诺顿等效电路如图 5-9(b)所示。

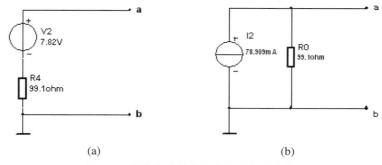

(a)　　　　　　　　　　　　　(b)

图 5-9　戴维南等效电路和诺顿等效电路

5．等效电路验证

可以在原二端网络和等效电路的端口处加同一电阻，对该电阻上的电压电流进行测量，若完全相同，则说明原二端网络可以用戴维南等效电路或诺顿等效电路来代替。

5.1.3　复杂直流电路的求解

1．实验要求与目的

学会使用 Multisim 软件分析复杂电路。

2．实验原理

Multisim 提供了直流工作点的分析方法，可以对一个复杂的直流电路快速地分析出节点电压等。

3．实验电路

复杂电路如图 5-10 所示。

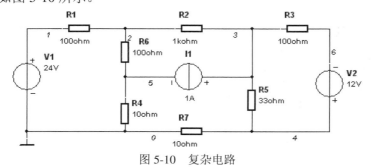

图 5-10　复杂电路

4. 实验步骤

(1) 在电路窗口按图 5-10 构建一个复杂电路。

(2) 显示各节点编号。启动菜单 Options/Preferences，打开参数设置框，在 Circuit 页将 Show node names 选中，电路就会自动显示节点的编号。

(3) 直接分析出各节点电压。启动 Simulate/Analyses/DC Operating Point…命令，在打开的直流工作点参数设置对话框中选取要分析的节点号，这里将全部变量设置为分析变量。仿真分析后的结果如图 5-11 所示。

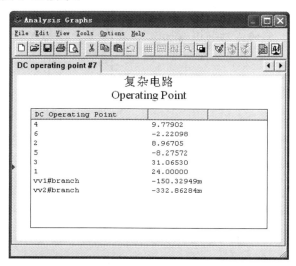

图 5-11　仿真分析结果

5. 数据分析与结论

由图 5-11 可知：$\varphi_1 = 24$ V，$\varphi_2 = 8.967\,05$ V，$\varphi_3 = 31.0653$ V，$\varphi_4 = 9.779\,02$ V，$\varphi_5 = -8.27572$ V，$\varphi_6 = -2.220\,98$ V。若求流过 R_2 的电流，则

$$i_{R_2} = \frac{\varphi_3 - \varphi_2}{R_2} = \frac{31.0653 - 8.96705}{1000} = 22.098\,75 \text{ mA}$$

采用 Multisim 提供的直流工作点分析方法可以快速得到各节点电压和电压源支路的电流，从而可以很方便地求得其他支路的电流。

5.2　正弦交流电路仿真实验

5.2.1　*RLC* 串联电路

1. 实验要求与目的

(1) 测量各元件两端的电压、电路中的电流及电路功率，掌握它们之间的关系。

(2) 熟悉 *RLC* 串联电路的特性。

2. 实验原理

RLC 串联电路有效值之间的关系为

$$U = \sqrt{U_R^2 + (U_L - U_C)^2}$$

有功功率与视在功率之间的关系为

$$P = S\cos\varphi$$

3．实验电路

RLC 串联电路如图 5-12 所示。

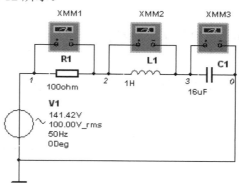

图 5-12　*RLC* 串联电路

4．实验步骤

(1) 测量各元件两端的电压。按图 5-12 连接电路，将万用表全部调到交流电压档，打开仿真开关，测得结果如图 5-13 所示。

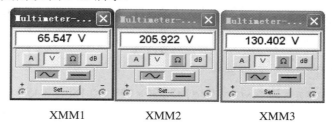

图 5-13　万用表测量结果

(2) 测量电路中的电流和功率。按图 5-14 连接好功率表和万用表，将万用表调到交流电流档，打开仿真开关，测得的结果如图 5-15 所示。

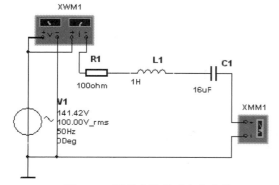

图 5-14　测量电路的功率和电流

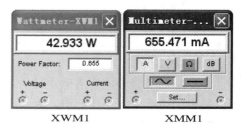

图 5-15　测量结果

(3) 将交流电源的频率改为 100 Hz，其他参数不变，对以上数据重新测量一次。将结果填入表 5-5 中。

表 5-5　*RLC* 串联电路测量结果

f/Hz	U_R/V	U_L/V	U_C/V	*I*/mA	*P*/W	$\cos\varphi$
50	65.547	205.922	130.402	655.471	42.933	0.655
100	18.580	116.739	18.481	185.796	3.456	0.186

5. 数据分析及结论

(1) 当频率改变时，电路中的各响应都会随之变化，说明电路的响应是频率的函数。

(2) 当 *f* = 50 Hz 时：

$$\sqrt{U_R^2 + (U_L - U_C)^2} = \sqrt{65.547^2 + (205.922 - 130.402)^2} = 100 \text{ V}$$

当 *f* = 100 Hz 时：

$$\sqrt{U_R^2 + (U_L - U_C)^2} = \sqrt{18.580^2 + (116.739 - 18.481)^2} = 100 \text{ V}$$

$$U = V_1 = 100 \text{ V}$$

所以，电压有效值之间的关系为

$$U = \sqrt{U_R^2 + (U_L - U_C)^2}$$

当 *f* = 50 Hz 时：

$$S\cos\varphi = UI\cos\varphi = 100 \times 655.471 \times 10^{-3} \times 0.655 = 42.933 \text{ W}$$

又因为：

$$P = 42.933 \text{ W}$$

当 *f* = 100 Hz 时：

$$S\cos\varphi = UI\cos\varphi = 100 \times 185.796 \times 10^{-3} \times 0.186 = 3.456 \text{ W}$$

又因为：

$$P = 3.456 \text{ W}$$

所以，有功功率和视在功率之间的关系为

$$P = S\cos\varphi$$

5.2.2　电感性负载和电容并联电路

1. 实验要求与目的

(1) 测量电感性负载与电容并联电路的电流、功率因数和功率。

(2) 研究提高电感性负载功率因数的方法。

2. 实验原理

在电感性负载和电容并联电路中，由于电容支路的电流与电感支路电流的无功分量的相位是相反的，可以相互抵消，因此可以提高电路的功率因数。

3. 实验电路

电感性负载和电容并联电路如图 5-16 所示。

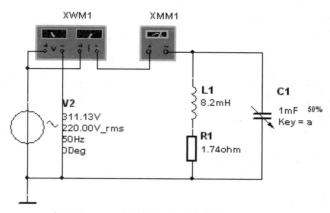

图 5-16　电感性负载和电容并联电路

4．实验步骤

(1) 按图 5-16 连接电路，可变电容 C_1 暂不要连接，测量电路中的电流、功率及功率因数，将数据记录在表 5-6 中。

(2) 在电感性负载的两端并联一个 1 mF 的可变电容，按 a 或 shift+a 改变电容的大小，同时监测电路中的电流、功率及功率因数，将数据记录在表 5-6 中。

5．数据分析及结论

分析表 5-6 中的数据，随着并联电容的增加，电路中的平均功率基本不变，电路中的总电流先减少后增加，功率因数先增加后减小，这说明在感性负载的两端并联一个电容确实能提高电路的功率因数。但并联的这个电容要合适，太小可能达不到要求，太大则可能过补偿。

表 5-6　测 量 结 果

电容 $C/\mu F$	功率 P/kW	电流 I/A	功率因数 $\cos\varphi$
0(没接)	8.719	70.770	0.56
100	8.716	65.158	0.608
300	8.709	54.830	0.722
500	8.710	46.361	0.854
700	8.714	40.920	0.968
800	8.711	39.753	0.996
850	8.715	39.612	1.000
900	8.715	39.771	0.996
950	8.717	40.228	0.985
1000	8.716	40.972	0.967

5.3　移相电路仿真实验

1．实验要求与目的

(1) 连接各种基本移相电路，掌握各种移相电路的电路形式。

(2) 测量各种基本移相电路的输入、输出波形,掌握电路的移相规律和元件参数对移相的影响。

2．实验原理

电路中电容上的电压滞后电流的变化,电感上的电压超前电流的变化,利用电容和电感的特性,在电路中引入移相。下面通过测试实际电路的输入、输出波形来掌握移相电路的电路形式和移相规律。通过改变某些元件的参数来了解元件参数对移相的影响。

3．实验电路

移相电路如图 5-17～图 5-21 所示。

4．实验步骤

(1) 按实验电路图 5-17(a)连接电路,为了便于观察输入、输出波形,连接到输出信号的导线颜色改为红色。打开示波器,记录输入、输出波形,如图 5-17(b)所示。

(2) 改变电路中元件的参数,观察移相情况。

(3) 分别按实验电路图 5-18(a)～图 5-21(a)连接电路,重复步骤(1)、(2),输入、输出波形分别如图 5-18(b)～图 5-21(b)所示。

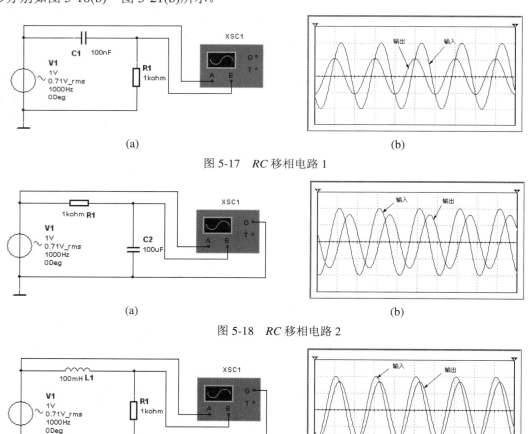

(a)   (b)

图 5-17　*RC* 移相电路 1

(a)   (b)

图 5-18　*RC* 移相电路 2

(a)   (b)

图 5-19　*RL* 移相电路 1

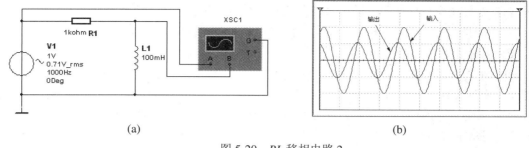

图 5-20　*RL* 移相电路 2

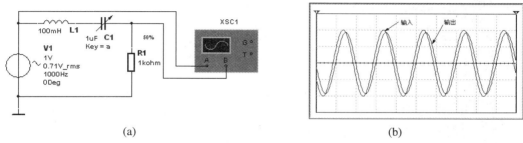

图 5-21　*RLC* 移相电路

5．波形分析与结论

各电路的波形分别对应图 5-17(b)～图 5-21(b)所示。

图 5-17 所示 *RC* 移相电路，输出波形超前输入波形，相位超前。

图 5-18 所示 *RC* 移相电路，输出波形滞后输入波形，相位滞后。

图 5-19 所示 *RL* 移相电路，输出波形滞后输入波形，相位滞后。

图 5-20 所示 *RL* 移相电路，输出波形超前输入波形，相位超前。

图 5-21 所示 *RLC* 移相电路，调节电容 *C* 的大小，相位可超前也可滞后，可调移相电路。

【思考题】

采用一节上面的基本移相电路，能否达到 90° 的移相？

5.4　三相交流电路仿真实验

1．实验要求与目的

(1) 测量三相交流电源的相序，掌握判断相序的方法。

(2) 观察三相负载变化对三相电路的影响，掌握三相交流电路的特性。

2．实验原理

(1) 当负载 Y 形连接并有中线时，不论三相负载对称与否，三相负载的电压都是对称的，且线电压是相电压的 $\sqrt{3}$ 倍，线电流等于对应的相电流。当负载对称时，中线电流为零；当负载不对称时，中线电流不再为零。

(2) 当负载 Y 形连接但没有中线时，若三相负载对称，则三相负载电压是对称的；若负载不对称，则三相负载电压不再对称。

(3) 当负载△形连接时，每相负载上的电压是对应的线电压，当三相负载对称时，线电流是相电流的 $\sqrt{3}$ 倍；当三相负载不对称时，三相负载电流不再对称。

3．实验步骤

(1) 建立三相电源子电路。选择三个正弦交流电源，频率设置为 50 Hz，有效值设置为 220 V，相位设置分别为 0°、120°、240°，按图 5-22 连接电路。(注意：由于软件本身的原因，参数设置中初相为正，但仿真电源波形时初相为负，因此实际电源的初相应为设置值的负值，图 5-22 中三电源的初相分别为 0°、−120°、−240°)。选中全部电路，选择菜单 Place/Replace by Subcircuit 命令，弹出子电路命名对话框，输入 3Ph 或其他名字，点击 OK 即可得到图 5-23 所示的子电路。

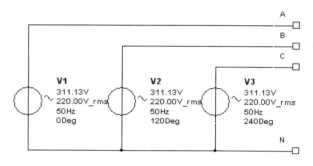
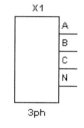

图 5-22　三相电源　　　　　　　　　　　　　　图 5-23　三相电源子电路

(2) 确定三相电源相序。在实际应用中，常规的测相序的方法是用一个电容与两个灯泡组成图 5-23 所示的测试电路进行测定。如果电容所接的相为 A 相，则灯泡较亮的是 B 相，较暗的是 C 相。相序是 A→B→C。

仿真过程中，灯泡会一闪一闪地亮，电压较高的灯泡上下都有光线出现，电压较低时仅一边有光线。从图 5-24 中可以看出，判断相序的仿真效果与实际操作的结果是一致的。

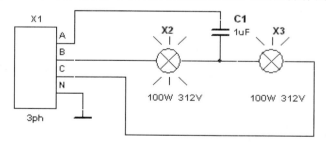

图 5-24　三相电源相序测试电路

(3) 观察三相负载变化对三相电路的影响。三相电路的负载连接方式分为 Y 形(又称为星形)和△形(即三角形)两种。图 5-25 所示是以三只 150 W(220 V)的灯泡为负载的 Y 形连接的电路，其中 Fu1、Fu2 和 Fu3 是三只 1 A 的保险丝。通过适当的设置，进行以下各项的测量或观察。注意：图中电压表、电流表应设置成 AC 模式，所显示的读数为有效值。

➢ 有中线时电路的电流和电压。

➢ 无中线时电路的电流和电压。

➢ 有中线时，将其中的一相负载断开，测量电路的电流与电压。

➤ 无中线时，将其中的一相负载断开，观察电路出现的现象。
➤ 有中线时，将其中的负载短路，测量电路的电流与电压。
➤ 无中线时，将其中的一相短路，观察电路出现的现象。
➤ 有中线时，将其中的一相负载再并联上一只同样的灯泡，观察电路出现的现象。
➤ 无中线时，将其中的一相负载再并联上一只同样的灯泡，观察电路出现的现象。

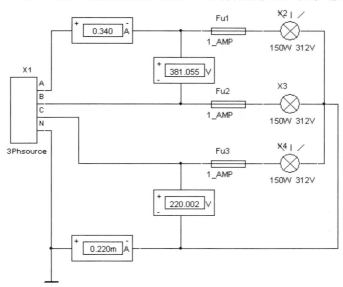

图 5-25 Y 形连接的三相电路

测量结果如表 5-7 所示。

表 5-7 三相负载仿真实验记录数据

	测量项目	U_{AB}	U_{BC}	U_{CA}	U_A	U_B	B_C	I_A	I_B	I_C	U_{NN}	I_N
有中性线	对称负载	380	380	380	220	220	220	0.68	0.68	0.68	0	≈0
	不对称负载	380	380	380	220	220	220	0.45	0.68	0.91	0	0.39
	A相开路	220	380	220	0	220	220	0	0.68	0.91	0	0.82
无中性线	对称负载	380	380	380	220	220	220	0.68	0.68	0.68	0.02	/
	不对称负载	380	380	380	257	224	184	0.27	0.34	0.38	44.4	/注1
	A相开路	220	380	220	0	217	163	0	0.33	0.34	28.4	/注1

注 1：这两组数据是灯泡的电压设置为 312 V 时仿真的取值。

从表 5-7 我们可以验证负载为 Y 形连接时的电流与电压的关系。

对称负载时：无论有无中性线，都有 $\dot{U}_{AB} = \sqrt{3}\dot{U}_A$，$\dot{i}_L = \dot{i}_p$，$\dot{i}_A + \dot{i}_B + \dot{i}_C = \dot{i}_N = 0$；

不对称负载有中性线时：$\dot{i}_A + \dot{i}_B + \dot{i}_C = \dot{i}_N \neq 0$，无中性线时的中性点电压会发生偏移，$\dot{U}_{AB} \neq \sqrt{3}\dot{U}_A$。

利用同样的方法，我们可以将三相负载连接成△形,仿真出各种电路现象并可验证其相电流与线电流的关系。特别是可以验证某相负载发生短路时的情况，避免高电压作短路实验时发生危险。

4．三相交流电路功率的测量

测量三相交流电路的功率可以用三相功率表测量，也可以用三只瓦特表分别测出三相负载的功率后相加而得，这在电工上称为"三瓦法"。还有一种方法在电工上也是常用的，即"两瓦法"，其接法如图 5-26 所示，这里取三相电动机为负载，两表读数之和等于三相负载的总功率。在编辑原理图时，在元件箱中取出的 3PH MOTOR(三相电动机)作为负载。如果要改变三相电动机负载功率的大小，需要修改其模型参数。方法是：双击原理图上的 3PH MOTOR，在其属性对话框中点击"Edit Model"按钮，出现对话框。将其中的 R_1、R_2 和 R_3 所取的 2 改成想要取的值(这里取 150)，点击 Change Part Model 按钮即可。运行仿真开关，两瓦特表显示的数值如图 5-27 所示。

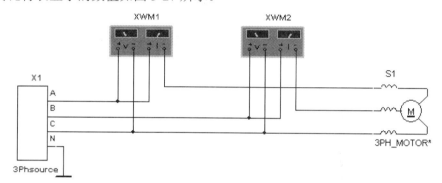

图 5-26　功率测量电路

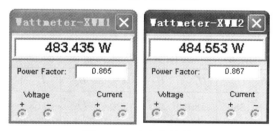

图 5-27　功率表读数

三相交流电路的总功率为

$$P = 483.435 + 484.553 = 967.988 \text{ W}$$

从功率表我们还可以读出电动机的功率因数为 0.87。

5.5　动态电路仿真实验

5.5.1　一阶动态电路

1．实验要求与目的

(1) 构建 RC 一阶动态电路。

(2) 观察动态电路的变化过程。

2．实验原理

含有储能元件 C(电容)和 L(电感)的电路称为动态电路，这种电路当电路结构或元件参数发生改变时，要进入过渡状态，即电路中的电流、电压会存在一个变化过程，而后才渐趋稳定值。

3．实验与步骤

(1) 建立电容充放电电路，观察电容的充电过程和放电过程。实验电路如图 5-28 所示。

按照图 5-28 编辑好电路图后，运行仿真开关，再反复按空格键，使得开关 J1 反复打开和闭合，同时打开示波器，观察电容的充放电过程。图 5-29 所示为示波器显示的电容充放电曲线。

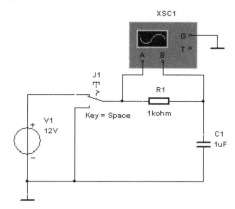

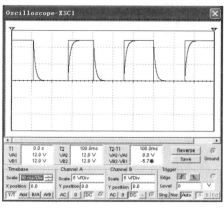

图 5-28 RC 一阶电路　　　　　　　　图 5-29 电容充放电曲线

下面的实验中用一个方波信号来代替开关的反复开合，通过设置方波频率和时间常数 RC 大小之间的关系，可构成积分电路和微分电路。

(2) 构建积分电路，观察电路的输入、输出波形。

积分电路即实现输出信号为输入信号的积分。如将输入方波信号 V_1 加至 RC 串联电路，输出信号取自电容两端电压，且满足输入方波信号的脉宽远小于 RC 的时间常数，则构成积分电路。实验电路如图 5-30 所示。

电路时间常数 RC = 2 ms，方波信号的周期 T = 1 ms，打开仿真开关，通过示波器观察到的输入、输出波形如图 5-31 所示。输入的是方波信号，输出的是三角波信号，实现了输出是输入的积分。

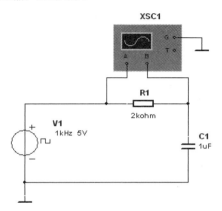

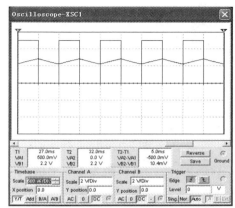

图 5-30 积分电路　　　　　　　　　图 5-31 积分电路仿真波形

（3）构建微分电路，观察电路的输入、输出波形。

微分电路即实现输出信号为输入信号的微分。如将输入方波信号 V_1 加至 RC 串联电路，输出信号取自电阻两端电压，且满足输入方波信号的脉宽远大于 RC 的时间常数，则构成微分电路。实验电路如图 5-32 所示。

电路时间常数 $RC = 20\,\mu s$，方波信号的周期 $T = 1\,ms$，打开仿真开关，通过示波器观察到的输入、输出波形如图 5-33 所示。输入的是方波信号，输出的是尖脉冲信号，实现了输出是输入的微分。

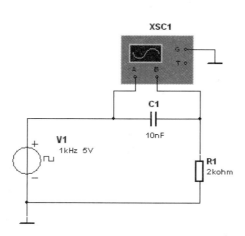

图 5-32　微分电路

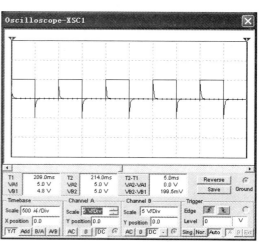

图 5-33　微分电路仿真波形

5.5.2　二阶动态电路

1. 实验要求与目的

（1）构建 RLC 二阶动态电路。

（2）观察电路的动态过程。

2. 实验原理

RLC 串联电路的衰减系数 $\alpha = \dfrac{R}{2L}$，谐振频率为 $\omega_0 = \dfrac{1}{\sqrt{LC}}$。

当 $\alpha > \omega_0$ 时，电路为过阻尼情况，其零输入响应的模式为

$$u_c(t) = K_1 e^{-s_1 t} + K_2 e^{-s_2 t}$$

式中

$$s_{1,2} = -\alpha \pm \sqrt{\alpha^2 - \omega_0^2}$$

当 $\alpha = \omega_0$ 时，电路为临界阻尼情况，其零输入响应的模式为

$$u_c(t) = e^{-\alpha}(K_1 + K_2 t)$$

当 $\alpha < \omega_0$ 时，该电路为欠阻尼情况，其零输入响应模式为

$$u_c(t) = K e^{-\alpha} \cos(\omega_d t + \varphi)$$

式中

$$\omega_d = \sqrt{\omega_0^2 - \alpha^2}$$

3．实验电路

实验电路如图 5-34 所示。

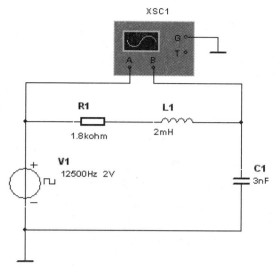

图 5-34　*RLC* 串联电路

4．实验步骤

(1) 取 $R = 1.8$ kΩ，$L = 2$ mH，$C = 3$ nF，将 R、L、C 串联起来后，加上频率为 12.5 kHz，幅度为 2 V 的方波激励，用示波器观察输入信号波形和电容上的电压波形。观察到的结果如图 5-35 所示，这是一个过阻尼情况。

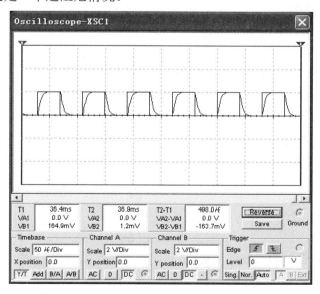

图 5-35　过阻尼情况输入、输出波形

(2) 将 R 的值改为 200 Ω，方波激励信号的频率改为 5 kHz，用示波器观察输入信号波形和电容上的电压波形。观察到的结果如图 5-36 所示，这是一个欠阻尼情况。

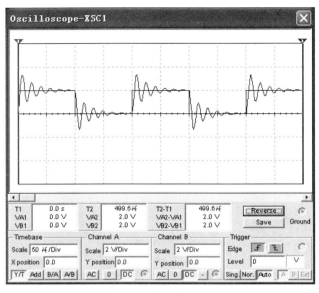

图 5-36   欠阻尼情况输入、输出波形

5.6   谐振电路仿真实验

5.6.1   串联谐振电路

1. 实验要求与目的

(1) 构建串联谐振电路。

(2) 研究电路的频率特性。

(3) 掌握串联谐振的特点。

2. 实验原理

R、L、C 串联电路的阻抗为

$$Z = R + j\omega L - j\frac{1}{\omega C} = R + j(\omega L - \frac{1}{\omega C}) = R + j\omega X$$

当 $X = 0$ 时，电路处于谐振状态，此时 $\omega L - \dfrac{1}{\omega C} = 0$，由此得到电路的谐振频率为

$$f_0 = \frac{1}{2\pi \sqrt{LC}}$$

谐振阻抗 $Z_0 = R$，谐振时电路的阻抗最小，电路中的电流最大，且电流与总电压是同相的。

3. 实验电路

串联谐振电路如图 5-37 所示。

4. 实验步骤

(1) 按图 5-37 连接串联谐振电路，设置各元件参数。

(2) 用波特图仪观测电路的频率特性曲线。

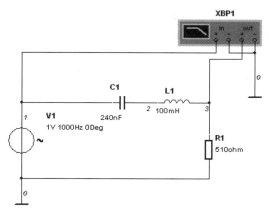

图 5-37　串联谐振电路

打开仿真开关及波特图仪面板，按图 5-38 所示设置面板上的各项内容。波特图仪显示的曲线如图 5-38 所示。

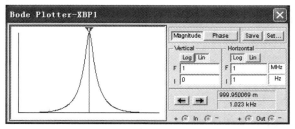

图 5-38　波特图仪显示的幅频曲线

移动数轴到曲线的峰值处，可以读得谐振频率为 1.023 kHz。

(3) 用交流分析法分析串联谐振电路的频率特性。

选择分析菜单中的 AC Analysis…选项，在 Frequency Parameters 页中将 Start Frequency 设置为 1 Hz，Stop Frequency 设置为 1 MHz。选择节点 3 为分析节点，点击 Simulate 按钮得到电路的频率特性曲线，如图 5-39 所示。

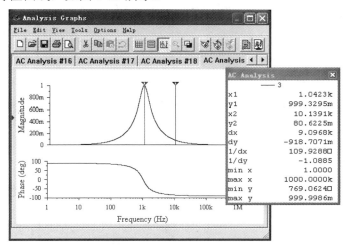

图 5-39　串联电路频率特性曲线

图 5-39 中上面的曲线是电路的幅频曲线，下面的曲线是电路的相频曲线。移动数轴至曲线的峰值处，可以读得电路的谐振频率为 1.0423 kHz。同时从相频曲线上可以看到谐振时电路中的电流与电压的相位差为 0，同相。

忽略读数的误差，用交流分析法和用波特图仪测得的电路频率特性曲线是一致的。

5．实验结果分析

串联电路谐振频率为

$$f_0 = \frac{1}{2\pi\sqrt{LC}} = \frac{1}{2\times 3.14\times\sqrt{100\times 10^{-3}\times 240\times 10^{-9}}}$$
$$= 1.027\times 10^3 = 1.027\text{ kHz}$$

实验测量结果与理论计算结果基本一致。

5.6.2　并联谐振电路

1．实验要求与目的

(1) 构建并联谐振电路。

(2) 研究电路的频率特性。

(3) 掌握并联谐振的特点。

2．实验原理

C 和 R、L 并联电路的导纳为：

$$Y = \frac{1}{R+j\omega L} + j\omega C = \frac{R}{R^2+(\omega L)^2} + j\left[\omega C - \frac{\omega L}{R^2+(\omega L)^2}\right]$$

在谐振时，电路中电压和电流同相，此时电路为纯电阻，电路中的电纳为零，即复导纳的虚部为零，即

$$\omega C - \frac{\omega L}{R^2+(\omega L)^2} = 0$$

当满足 $\omega_0 L \gg R$ 时，由此得到电路的谐振频率为

$$f_0 \approx \frac{1}{2\pi\sqrt{LC}}$$

在谐振时，并联电路的导纳最小，阻抗为最大值，电路两端的电压为最大值，且电压与电流同相。

3．实验电路

并联谐振电路如图 5-40 所示。C_1 和 R_1、L_1 支路构成并联电路，R_2 是取样电阻，R_2 两端的电压与电流源的电流值成正比。

4．实验步骤

(1) 按图 5-40 连接并联谐振电路，设置各元件参数。

(2) 用波特图仪观测电路的频率特性曲线。

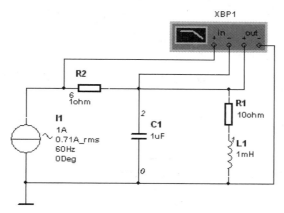

图 5-40　并联谐振电路

　　为了用波特图仪观测电路的频率特性曲线，电路中加入了一个取样电阻 R_2，以便将交流电流源的值转换成电压值连接到波特图仪的输入端。打开仿真开关及波特图仪面板，按图 5-41 所示设置面板上的各项内容。波特图仪显示的曲线如图 5-41 所示。移动数轴至曲线的峰值处，可读得电路的谐振频率为 5.012 kHz。

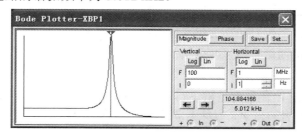

图 5-41　波特图仪显示的幅频曲线

　　(3) 用交流分析法分析并联谐振电路的频率特性。

　　选择分析菜单中的 AC Analysis…选项，在 Frequency Parameters 页中将 Start Frequency 设置为 1 Hz，Stop Frequency 设置为 1 MHz。选择节点 2 为分析节点，点击 Simulate 按钮得到电路的频率特性曲线，如图 5-42 所示。

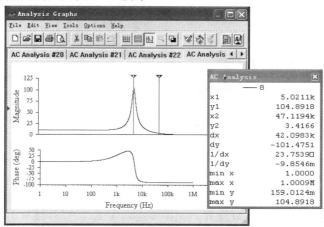

图 5-42　并联电路频率特性曲线

上面的曲线是电路的幅频曲线，下面的曲线是电路的相频曲线。移动数轴至曲线的峰值处，可以读得电路的谐振频率为 5.021 kHz，同时从相频曲线上可以看到谐振时电路中的电流与电压的相位差为 0，同相。

忽略读数的误差，用交流分析法和用波特图仪测得的电路频率特性曲线是一致的。

5. 实验结果分析

并联电路谐振频率为

$$f_0 \approx \frac{1}{2\pi\sqrt{LC}} = \frac{1}{2\times 3.14\times\sqrt{1\times 10^{-3}\times 1\times 10^{-6}}} = 5.035\times 10^3 = 5.035 \ \text{kHz}$$

实验测量结果与理论计算结果基本一致。

5.7 非正弦周期电流电路仿真实验

5.7.1 非正弦周期信号的谐波分析

1. 实验要求与目的

(1) 分析非正弦周期信号的谐波组成。

(2) 掌握非正弦周期信号傅里叶分析的方法。

2. 实验原理

从高等数学中知道，凡是满足狄里赫利条件的周期信号都可以分解为傅里叶级数。设给定的周期信号 $f(t)$ 的周期为 T，角频率 $\omega = 2\pi/T$，则 $f(t)$ 的傅里叶级数的展开式为

$$f(t) = A_0 + A_1\sin(\omega t + \varphi_1) + A_2\sin(2\omega t + \varphi_2) + \cdots + A_k\sin(k\omega t + \varphi_k) + \cdots$$

3. 实验电路

周期信号谐波分析电路如图 5-43 所示。

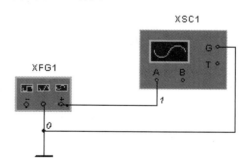

图 5-43　周期信号谐波分析电路

4. 实验步骤

(1) 分析矩形波信号的谐波组成。

打开信号发生器面板进行参数设置，如图 5-44(a)所示，打开仿真开关，用示波器观察到信号的时域波形如图 5-44(b)所示。

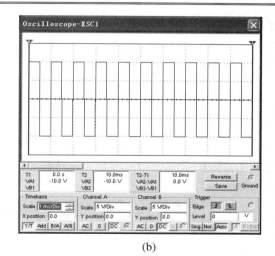

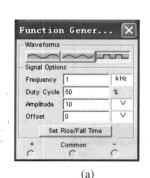

(a)　　　　　　　　　　　　　　　　　　(b)

图 5-44　信号发生器面板设置和信号时域波形

启动分析菜单中的 Fourier Analysis…选项，在弹出的对话框中按图 5-45 进行设置，选择节点 1 为傅里叶分析节点，得到信号的频谱图，如图 5-46 所示。

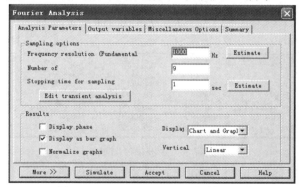

图 5-45　Fourier Analysis 对话框设置

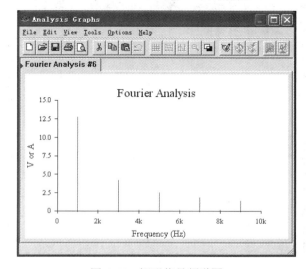

图 5-46　矩形信号频谱图

从频谱图分析矩形信号，主要包括 1 kHz、3 kHz、5 kHz 等各奇次谐波，基波(1 kHz 频率成分)的幅度最大，随着频率的增加，幅度减小。

采用数学方法对矩形信号求解傅里叶级数得到：

$$u(t) = \frac{4U_m}{\pi}\left[\sin(\omega t) + \frac{1}{3}\sin(3\omega t) + \frac{1}{5}\sin(5\omega t) + \cdots + \frac{1}{k}\sin(k\omega t) + \cdots\right] \quad (k \text{ 为奇数})$$

傅里叶分析结果和采用数学方法分析所得结果是一致的。

(2) 分析锯齿波信号的谐波组成。

在信号发生器面板中设置输出波形为三角波，占空比设置为 90%，用示波器观察信号的时域波形，如图 5-47 所示。

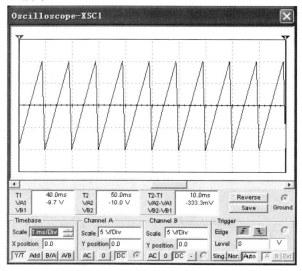

图 5-47 锯齿波信号时域波形

将锯齿波信号进行傅里叶分析得到频谱图，如图 5-48 所示。

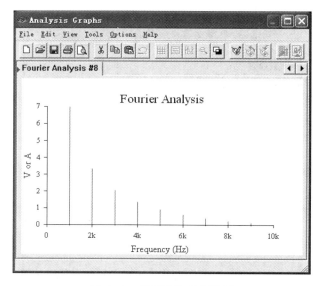

图 5-48 锯齿波信号频谱图

　　从频谱图分析矩形信号，主要包括 1 kHz、2 kHz、3 kHz 等各次谐波，基波(1 kHz 频率成分)的幅度最大，随着频率的增加，幅度减小。

　　采用数学方法对锯齿波信号求解傅里叶级数得到：

$$u(t) = \frac{2I_m}{\pi}[\sin(\omega t) - \frac{1}{2}\sin(2\omega t) + \frac{1}{3}\sin(3\omega t) + \cdots + \frac{1}{k}\sin(k\omega t) + \cdots]　(k \text{ 为正整数})$$

傅里叶分析结果和采用数学方法分析结果一致。

5.7.2　非正弦周期电流电路的分析

1．实验要求与目的

(1) 对非正弦周期电流电路进行傅里叶分析。

(2) 掌握非正弦周期电流电路谐波分析的方法。

2．实验原理

由傅里叶分析可知，桥式整流输出电压的傅里叶级数展开为

$$u = \frac{4}{\pi}U_m[\frac{1}{2} + \frac{1}{1 \times 3}\cos(2\omega t) - \frac{1}{3 \times 5}\cos(4\omega t) + \cdots - \frac{\cos(\frac{k\pi}{2})}{k^2 - 1}\cos(k\omega t) + \cdots]　k = 2, 4, 6, \cdots$$

　　实验电路中 $U_m = 31$ V，$\omega = 2\pi \times 50$ rad/s，则

$$u = 20 + 13\cos(2\omega t) - 2.6\cos(4\omega t) + \cdots$$

　　当该信号经过 RC 电路滤波时，负载上得到的电压信号为各谐波分量单独作用于电路时负载上电压的叠加。实验电路中 $C = 47$ μF，$R = 1$ kΩ，计算得到：

$$u_R = 20 + 1.77\cos(2\omega t) + 0.76\cos(4\omega t) + \cdots$$

3．实验电路

桥式整流电容滤波电路如图 5-49 所示。

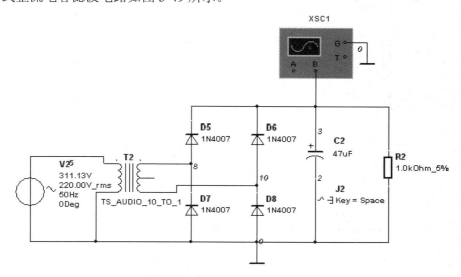

图 5-49　桥式整流电容滤波电路

4．实验步骤

(1) 按 Space 键使 J1 断开，此时电路是一个桥式整流电路。

(2) 打开仿真开关，用示波器观察桥式整流电路时域输出波形，如图 5-50 所示。

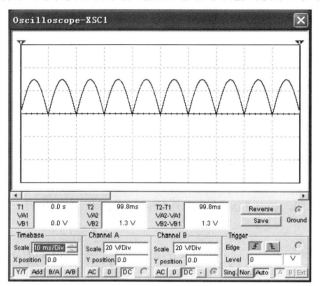

图 5-50　桥式整流输出波形

(3) 对桥式整流输出信号进行傅里叶分析。

启动分析菜单中的 Fourier Analysis…菜单命令，在对话框中进行相应的设置后，得到的信号频谱图如图 5-51 所示。

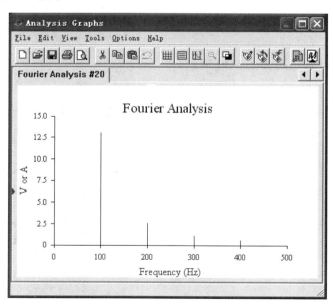

图 5-51　桥式整流输出信号的频谱图

(4) 按 Space 键使开关 J1 闭合，将桥式整流后的信号经过电容 C 滤波后输出。

(5) 用示波器观察滤波后的时域信号。滤波后的输出波形如图 5-52 所示。

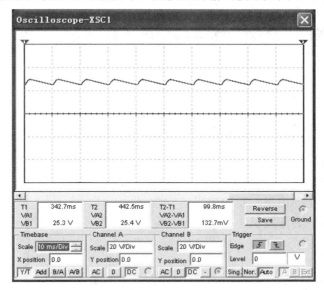

图 5-52　电容滤波后的输出波形

(6) 对电容滤波后的信号进行傅里叶分析。

启动分析菜单中 Fourier Analysis…菜单命令，在对话框中进行相应的设置后，得到的信号频谱图如图 5-53 所示。

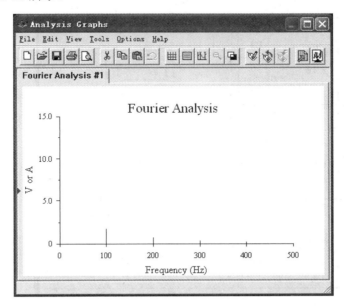

图 5-53　滤波后信号频谱图

5．实验结果分析

傅里叶分析得到的输出信号频率域的分布与理论计算结果一致。

第 6 章　　模拟电子技术 Multisim 仿真实验

6.1　二极管特性仿真实验

1. 实验要求与目的

(1) 测量二极管的伏安特性，掌握二极管各工作区的特点。

(2) 掌握二极管正向电阻、反向电阻的特性。

(3) 用温度扫描的方法测试二极管电压及电流随温度变化的情况，了解温度对二极管的影响。

2. 实验原理

半导体二极管主要是由一个 PN 结构成的，为非线性元件，具有单向导电性。一般二极管的伏安特性可划分成 4 个区：死区、正向导通区、反向截止区和反向击穿区。

3. 实验电路

(1) 测试二极管正向伏安特性电路，如图 6-1 所示。

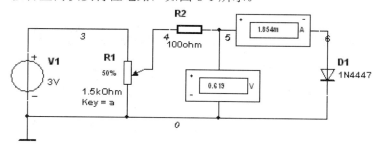

图 6-1　测试二极管正向伏安特性电路

(2) 测试二极管反向伏安特性电路，如图 6-2 所示。

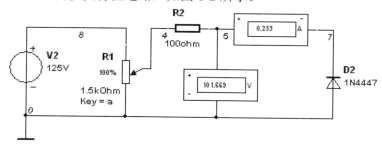

图 6-2　测试二极管反向伏安特性电路

4. 实验步骤

(1) 测量二极管的正向伏安特性。

按图 6-1 连接电路，按 a 键或 Shift+a 键改变电位器的大小，先将电位器的百分数调为 0%，再逐渐增加百分数，从而可改变加在二极管两端正向电压的大小。启动仿真开关，将测量的结果依次填入表 6-1 中。

表 6-1　正向伏安特性测试结果

R_W	10%	20%	30%	50%	70%	90%	100%
U_D/V	0.3	0.548	0.591	0.619	0.642	0.685	0.765
I_D/mA	0	0.153	0.744	1.854	3.513	8.572	22
$R_D=\dfrac{U_D}{I_D}$ /Ω	∞	3582	794	334	183	80	35

结论：从表 6-1 中 R_D 的值可以看出，二极管的电阻值不是一个固定值。当在二极管两端加正向电压时，若正向电压比较小，则二极管呈现很大的正向电阻，正向电流非常小，称为"死区"。当二极管两端的电压达到 0.6 V 左右时，电流急剧增大，电阻减小到只有几十欧姆，而两端的电压几乎不变，此时二极管工作在"正向导通区"。

(2) 测量二极管的反向伏安特性。

按图 6-2 连接电路。改变 R_W 的百分比，启动仿真开关，将测量的结果依次填入表 6-2 中。

表 6-2　反向伏安特性测试结果

R_W	10%	40%	60%	80%	85%	90%	100%
U_D/V	12.5	50.001	75.001	100.002	100.747	100.894	101.670
I_D/A	0	0	0	0	0.019	0.049	0.233
$R_D=\dfrac{U_D}{I_D}$ /Ω	∞	∞	∞	∞	5.3k	2k	436

结论：由表 6-2 所示的测试结果可知，二极管加上反向电压时，电阻很大，电流几乎为 0。比较表 6-1 和表 6-2，二极管反偏电阻大、而正偏电阻小，说明二极管具有单向导电性。但若加在二极管上的反向电压太大时，二极管进入反向击穿区，反向电流急剧增大，而电压值变化很小。

(3) 研究温度对二极管参数的影响。

对图 6-1 所示电路进行温度扫描分析，R_W 调到 70%，启动分析菜单中的 Temperature Sweep 选项，在参数设置对话框中的 Sweep Variation Type 栏选择 List，在 Value 栏输入扫描的温度 0、27 和 100，选择节点 6 为分析变量，点击 Simulate 按钮，仿真结果如图 6-3 所示。

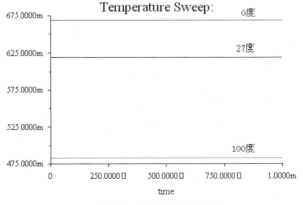

图 6-3　温度扫描的结果

5. 结论

随着温度的升高，二极管的正向压降减少，PN 结具有负的温度特性。

6.2 单相整流滤波电路仿真实验

1. 实验要求与目的

(1) 连接一个单相桥式整流滤波电路，掌握电路的结构形式。

(2) 测量电路中各电压波形，掌握整流滤波电路的工作原理。

2. 实验原理

(1) 利用二极管的单向导电性，将正负变化的交流电变成单一方向的脉动电。常见的电路形式有半波整流、全波整流和桥式整流。

(2) 利用电容的"通交隔直"的特性，将整流后脉动电压中的交流成分滤除，得到较平滑的电压波形。

3. 实验电路

单向整流滤波实验电路如图 6-4 所示，将电路中 XMM1 调到交流电压挡，XMM2 调到直流电压挡。当 J1 开关打开时，电路是一个桥式整流电路；当 J1 开关闭合时，电路是一个桥式整流电容滤波电路。

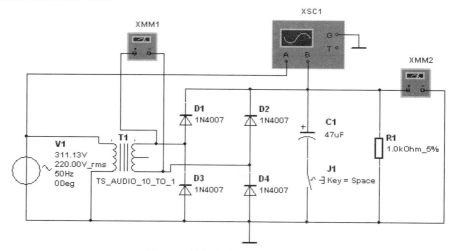

图 6-4 单相整流滤波实验电路

4. 实验步骤

(1) 测量变压器的输出波形。变压器后的电路暂不要连接，用示波器测量变压器的输入、输出波形，输出波形与输入波形完全相同，只是幅度不同，如图 6-5 所示。

(2) 将电路按图 6-4 所示电路进行连接，先将 J1 断开，用示波器同时观察输入波形和桥式整流输出波形，波形如图 6-6 所示。同时打开万用表读取数据，$U_1 \approx 21.972$ V，$U_2 \approx 18.468$ V。

(3) 将 J1 闭合，用示波器再次同时观察输入波形和整流滤波后的输出波形，波形如图 6-7 所示。同时读取万用表的数据，$U_1 \approx 21.972$ V，$U_2 \approx 27.474$ V。

5．实验结果分析

观察图 6-5、图 6-6 和图 6-7 所示波形图，可知变压器只改变初次级电压幅度，不改变其波形；经桥式整流后，变压器将正、负变化的交流电压变换成了单一方向的全波脉动电压；再经过电容滤波，把脉动电压中的交流成分滤掉，输出较平滑的电压波形。

从测得数据分析，桥式整流后负载上的平均电压约是输入电压有效值的 0.9 倍；经过滤波后，输出电压的平均值增加了，负载上的电压约是输入电压的 1.2 倍。

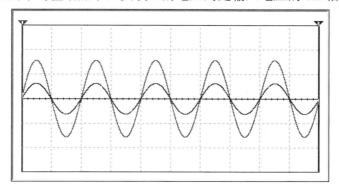

图 6-5　变压器输入、输出波形

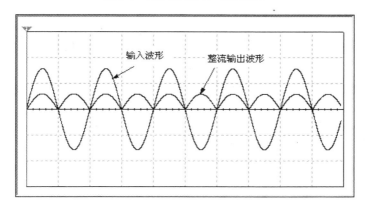

图 6-6　桥式整流电路的输入、输出波形

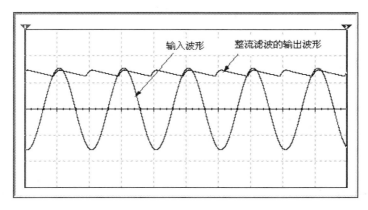

图 6-7　桥式整流电容滤波电路的输入、输出波形

6. 问题探讨

(1) 将桥式整流电路中的一个二极管开路，重复实验内容，有什么变化？

(2) 将负载电阻 R_1 改为 10 Ω，观察输出波形的变化。

6.3　单管共发射极放大电路仿真实验

1. 实验要求与目的

(1) 建立单管共发射极放大电路。

(2) 调整静态工作点，观察静态工作点的改变对输出波形和电压放大倍数的影响。

(3) 测量电路的放大倍数、输入电阻和输出电阻。

2. 实验原理

晶体三极管具有电流放大作用，可构成共射、共基、共集三种组态放大电路。为了保证放大电路能够不失真地放大信号，电路必须要有合适的静态工作点，信号的传输路径必须畅通，而且输入信号的频率要在电路的通频带内。

3. 实验电路

在第 2 章中我们创建了一个单管共射放大电路，并对它进行了简单的仿真，下面我们继续仿真分析该电路，如图 6-8 所示。

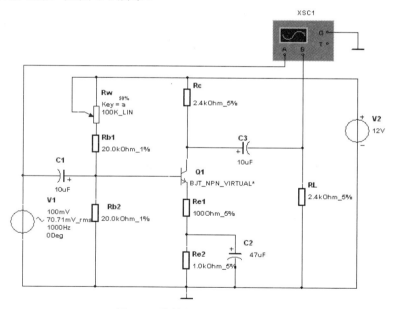

图 6-8　单管共发射极放大电路

4. 实验步骤

(1) 调整静态工作点。通过调节放大电路基极电阻 R_W，可以改变 U_B 的大小，从而改变三极管的静态工作点，用示波器监测输出波形，当 R_W 调到 30% 时电路处于放大状态。这时可用仪表测量电路的静态值，也可采用静态工作点分析方法分析得到电流的静态值。详细的仿真过程见第 2 章第 2.2 节。

(2) 测试电压放大倍数。当电路处于放大状态时，用示波器或万用表的交流电压挡测量输入、输出信号，用公式 $A_v = U_o/U_i$ 算出电路的放大倍数。示波器观察到的输入、输出波形如图 6-9 所示，根据示波器参数的设置和波形的显示可以知道输出信号的最大值 $U_{om} = 1000$ mV，输入信号的最大值 $U_{im} = 100$ mV，放大倍数 $A_v = U_{om}/U_{im} = 1000$ mV$/100$ mV $= 10$。再注意到输入、输出波形是反相的关系，它的放大倍数应该是负值，所以 $A_v = -10$。

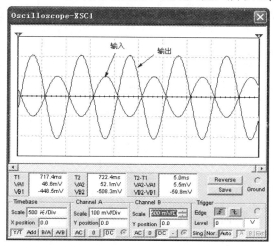

图 6-9　处于放大状态的波形

(3) 测量输入电阻。测量输入电阻时的电路如图 6-10 所示，接入辅助测试电阻 R_1，用示波器监测输出波形要求不失真，电压表和电流表设置为交流"AC"状态，读取电压表和电流表的数据。

电路的输入电阻为

$$r_i = \frac{U_i}{I_i} = \frac{U_i}{U_s - U_i} R_1 = \frac{0.069}{0.070\,71 - 0.069} \times 100 = 4035\ \Omega \approx 4\ \text{k}\Omega$$

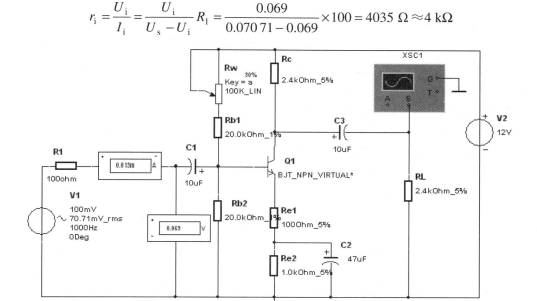

图 6-10　测量输入电阻时的电路

(4) 测量输出电阻。测量输出电阻时的电路如图 6-11 所示，在负载支路加一个开关 J1，在 J1 断开时测量输出电压 U_{o1}，在 J1 闭合时测量输出电压 U_{o2}，U_{o1}、U_{o2} 测量值如图 6-12 所示。

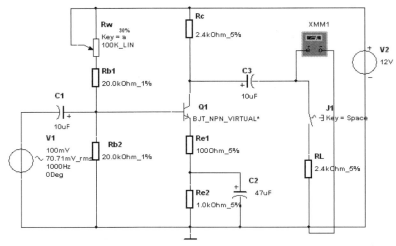

图 6-11　测量输出电阻时的电路

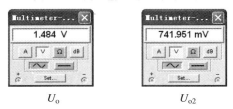

图 6-12　开关断开和闭合输出电压测量结果

输出电阻为

$$r_o = \frac{U_{o1} - U_{o2}}{U_{o2}} R_L = \frac{1.484 - 0.742}{0.742} \times 2.4 = 2.4 \text{ k}\Omega$$

(5) 测量电路的频率特性。电路频率特性的测量有两种方法，一种是使用波特图仪来测量，另一种是采用交流分析法分析得到电路的频率特性曲线。下面采用交流分析的方法测量电路的频率特性。

将 R_W 调在 30% 的位置，电路处于放大状态。启动分析菜单中的 AC Analysis... 菜单命令，在打开的对话框中设置相应的参数，选择输出信号节点为分析节点。仿真结果如图 6-13 所示。

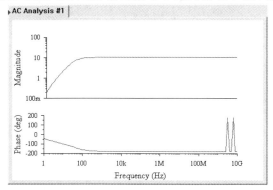

图 6-13　电路仿真结果

　　发现频率的高端放大倍数很大，通频带很宽，这与实际电路是不相符的，原因在于在这次实验电路中采用的三极管是虚拟三极管。若将虚拟三极管更换成现实元件 2N2222A 元件再仿真一次，得到的仿真波形如图 6-14 所示。显示数轴，读取相应的数据，可以测得电路的下限频率 $f_1 \approx 59$ Hz，上限频率 $f_2 \approx 6.3$ MHz，通频带 $BW = f_2 - f_1 = 6.3$ MHz $- 59$ Hz ≈ 6.24 MHz。

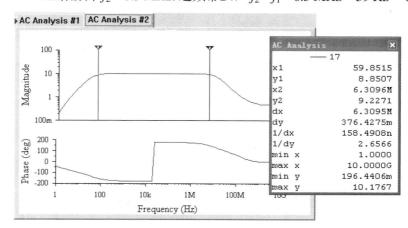

图 6-14　仿真结果

5．结论

(1) 要使放大电路工作在放大状态，必须给三极管加上合适的静态偏置。

(2) 共射放大电路的输出信号与输入信号是反相的。

(3) 共射放大电路的输入电阻较大，输出电阻也较大。

(4) 电路在通频带内具有放大能力，超出通频带的频率范围，放大倍数减小。

(4) 仿真时尽量采用现实元件箱中的元件，使仿真更接近于实际情况。

6．问题探讨

(1) 如何确定最佳的静态工作点？

(2) 将发射极旁路电容 C_2 拆除，对静态工作点会有什么影响？对交流信号有什么影响？

6.4　射极跟随器仿真实验

1．实验要求与目的

(1) 进一步掌握静态工作点的调试方法，深入理解静态工作点的作用。

(2) 调节电路的跟随范围，使输出信号的跟随范围最大。

(3) 测量电路的电压放大倍数、输入电阻和输出电阻。

(4) 测量电路的频率特性。

2．实验原理

　　在射极跟随器电路中，信号由基极和地之间输入，由发射极和地之间输出，集电极交流等效接地，所以，集电极是输入/输出信号的公共端，故称为共集电极电路。又由于该电路的输出电压是跟随输入电压变化的，所以又称为射极跟随器。

3．实验电路

射极跟随器电路如图 6-15 所示。

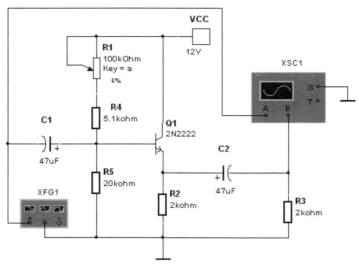

图 6-15　射极跟随器

4．实验步骤

(1) 静态工作点的调整。按图 6-15 连接电路，输入信号由信号发生器产生一个幅度为 100 mV、频率为 1 kHz 的正弦信号。调节 R_W，使信号不失真输出。

(2) 跟随范围调节。增大输入信号直到输出出现失真，观察出现了饱和失真还是截止失真，再增大或减小 R_W，使失真消除。再次增大输入信号，若出现失真，再调节 R_W，使输出波形达到最大不失真输出，此时电路的静态工作点是最佳工作点，输入信号是最大的跟随范围。最后输入信号增加到 4 V，R_W 调在 6%，电路达到最大不失真输出。最大输入、输出信号波形如图 6-16 所示。

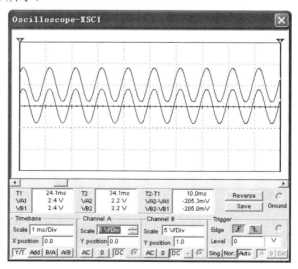

图 6-16　最大输入、输出信号波形

(3) 测量电压放大倍数。观察图 6-16 所示输入、输出波形，射极跟随器的输出信号与输入信号同相，幅度基本相等，所以，放大倍数 $A_V \approx 1$。

(4) 测量输入电阻。测量输入电阻电路如图 6-17 所示，在输入端接入电阻 $R_6 = 1\,\text{k}\Omega$，XMM1 调到交流电流挡，XMM2 调到交流电压挡，输入端输入频率为 1000 Hz，电压为 1 V 的输入信号，示波器监测输出波形不能失真。打开仿真开关，两台万用表的读数如图 6-18 所示。所以，电路的输入电阻为

$$r_i = \frac{U_i}{I_i} = \frac{615.875\,\text{mV}}{91.175\,\mu\text{A}} \approx 6.8\,\text{k}\Omega$$

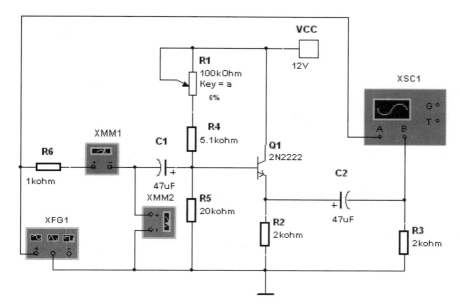

图 6-17　输入电阻测试电路

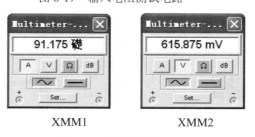

XMM1　　　　　　XMM2

图 6-18　测量结果

(5) 测量输出电阻。在测量共射极放大电路的输出电阻时，采用的是不接负载时测一次输出电压，再接负载测一次，通过计算得到输出电阻的大小。这里再介绍一种测量输出电阻的方法，即将电路的输入端短路，将负载拆除，在输出端加交流电源，测量输出端的电压和电流，如图 6-19 所示。

电路的输出电阻为

$$r_o = \frac{U_o}{I_o} = \frac{0.071\,\text{V}}{5.17\,\text{mA}} \approx 13.7\,\Omega$$

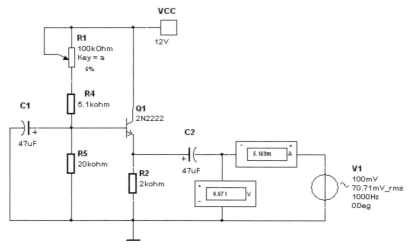

图 6-19 输出电阻测试电路

(6) 测量电路的频率特性。采用波特图仪来测量电路的频率特性。波特图仪的连接如图 6-20 所示。打开波特图仪的面板，图 6-21 所示是幅频特性曲线，图 6-22 所示是相频特性曲线，各项参数设置如图中所示。移动数轴，可以读取电路的下限频率和上限频率，求得通频带。并且从幅频曲线可以知道，在通频带内，输出与输入的比约为 1：1；从相频曲线可以看到，在通频带内，电路的输出与输入相位差为 0，说明输出与输入信号同相。

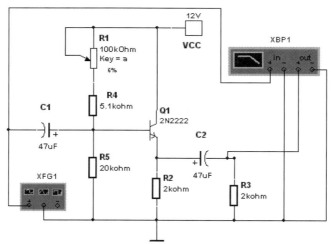

图 6-20 波特图仪测量电路的频率特性

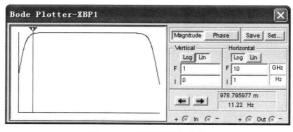

图 6-21 幅频特性曲线

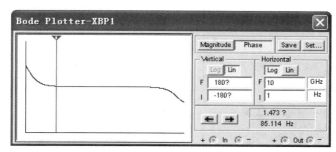

图 6-22　相频特性曲线

5．结论

射极跟随器具有下列特点：

(1) 电压放大倍数接近于 1，输出与输入同相，输出信号跟随输入信号的变化，电路没有电压放大能力。

(2) 输入电阻高，输出电阻低，说明电路具有阻抗变换作用，带负载能力强。

6.5　差动放大电路仿真实验

1．实验要求与目的

(1) 构建差动放大电路，熟悉差动放大电路的电路结构特点。

(2) 分析差动放大电路的放大性能，掌握差动放大电路差模放大倍数、共模放大倍数和共模抑制比的测量。

(3) 观察和了解差动放大电路对零点漂移的抑制能力。

2．实验原理

基本差动放大电路可以看成由两个电路参数完全一致的单管共发射极电路所组成。差动放大电路对差模信号有放大能力，而对共模信号具有抑制作用。差模信号指电路的两个输入端输入大小相等，极性相反的信号。共模信号指电路两个输入端输入大小相等，极性相同的信号。差动放大电路有双端输入和单端输入两种输入方式，有双端输出和单端输出两种输出方式。单端输入可以等效成双端输入，所以，下面研究双端输入、单端输出和双端输出时差模放大倍数、共模放大倍数及共模抑制比。

3．实验电路

实验电路如图 6-23 所示，这是一个双端输入长尾式差动放大电路，输入信号是一个频率为 1 kHz、幅度为 100 mV 的正弦交流信号。

4．实验步骤

(1) 测量差模输入时，电路的放大倍数。按图 6-23 连接电路，用示波器同时测量两输入端的波形，可以看到两输入信号幅度都是 50 mV，且相位相反。

测量输出信号波形，可以采用示波器观察单端输出的波形，但由于还要测量双端输出时的输出波形，所以下面用瞬态分析的方法得到两单端输出的波形，再利用后处理器，将两波形相减得到双端输出电压波形。

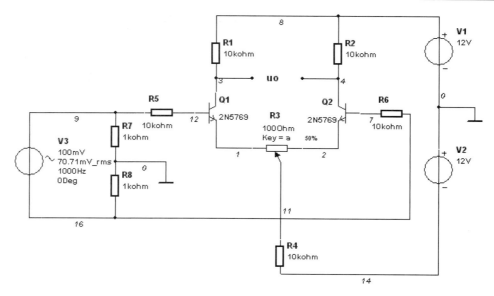

图 6-23　差动放大电路

启动分析菜单中的 Transient Analysis…命令，在弹出的对话框中选取两输出端(节点 3 和 4)为分析变量，将 End time 设置为 0.002sec，为了得到比较平滑的曲线，将 minimum number of time point 设为 1000，其余项不变，仿真结果如图 6-24 所示。

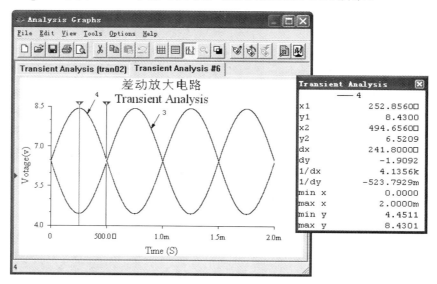

图 6-24　差动放大电路单端输出电压波形

从图 6-24 中可以看出：两个输出端输出电压的交流成分大小相等，方向相反，由于输出端没有隔直电容，因此输出中叠有直流分量，这个直流分析是静态时 U_C 的值。单端输出交流分量的输出幅值约为 $8.43 - 6.52 = 1.91$ V，单端输出差模电压放大倍数 $A_{ud1} = 1.91$ V/100 mV $= 19.1$。

启动后处理器，设置后处理方程为 $v(3) - v(4)$，得到双端输出电压波形，如图 6-25 所示。

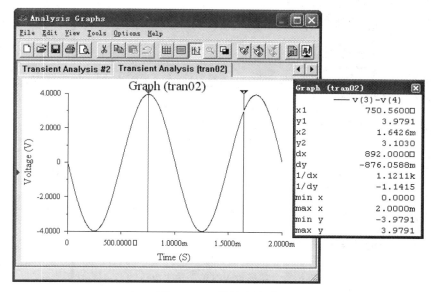

图 6-25　双端输出波形

从图 6-25 中可以看出：双端输出时只有交流成分，直流分量为 0，这是因为从双端输出时，直流分量相互抵消。双端输出交流电压的幅值为 3.9791 V，双端输出差模电压放大倍数 A_{ud} = 3.9791 V/100 mV = 39.791，约为单端输出时的 2 倍。

(2) 测量共模输入时电路的放大倍数。共模输入时电路如图 6-26 所示。

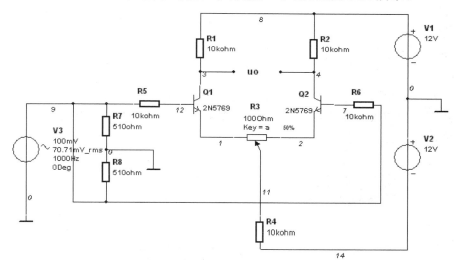

图 6-26　共模输入时电路

当输入共模信号时，用瞬时分析法分析得到电路单端输出波形如图 6-27 所示。从图中可以看出：由于 Multisim 仿真元件非常一致，在共模作用时，单端输出时两输出端得到的信号完全相同，这时信号中既有直流成分(静态值)，又有交流成分(输出信号)，输出信号的峰-峰值为 6.4875 − 6.3904 = 0.0971 V，幅值为 0.0971/2 = 0.048 55 V。单端输出时共模电压放大倍数 A_{uc1} = 0.048 55 V/100 mV = 0.4855。

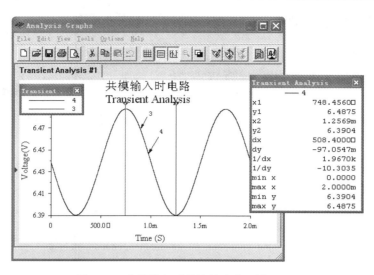

图 6-27　共模输入时单端输出电压波形

　　若采用双端输出，输出信号几乎为 0，共模放大倍数 $A_{uc} \approx 0$。

　　(3) 共模抑制比。单端输出时共模抑制比为

$$K_{\mathrm{CMR1}} = \frac{A_{ud1}}{A_{uc1}} = \frac{0.4855}{19.1} \approx 0.025$$

双端输出时共模抑制比为

$$K_{\mathrm{CMR}} = \frac{A_{uc}}{A_{ud}}$$

因为共模放大倍数 $A_{uc} \approx 0$，趋近于 ∞。

5. 结论

　　(1) 差动放大电路对差模信号有放大能力，对共模信号有抑制作用。

　　(2) 电路差模放大倍数越大，共模放大倍数越小，则共模抑制比越大，电路性能越好。

　　(3) 双端输出比单端输出性能要好。

6. 问题探讨

　　(1) 如何进一步提高单端输出时电路的共模抑制比？

　　(2) 当信号单端输入时，如何等效成双端输入进行分析？

6.6　负反馈放大电路仿真实验

1. 实验要求与目的

　　(1) 构建负反馈放大器，掌握电路引入负反馈的方法。

　　(2) 研究负反馈对放大电路性能的影响。

2. 实验原理

　　在放大电路中引入负反馈，可以改善放大电路的性能指标，如提高增益的稳定性、减

小非线性失真、展宽通频带、改变输入/输出电阻等。根据引入反馈方式的不同，可以分为电压串联型负反馈、电压并联型负反馈、电流串联型负反馈和电流并联型负反馈。

3．实验电路

实验电路如图 6-28 所示。按 a 或 A 调整 R_{w1} 大小，从而可以调整第一级放大电路的静态工作点；按 b 或 B 调整 R_{w2} 大小，从而可以调整第二级放大电路的静态工作点；按 c 键控制 J2 接不同的负载；按 Space 键控制 J1 闭合或断开。当 J1 断开时，电路是一个两级共射放大电路；当 J1 闭合时，电路中引入电压串联负反馈。

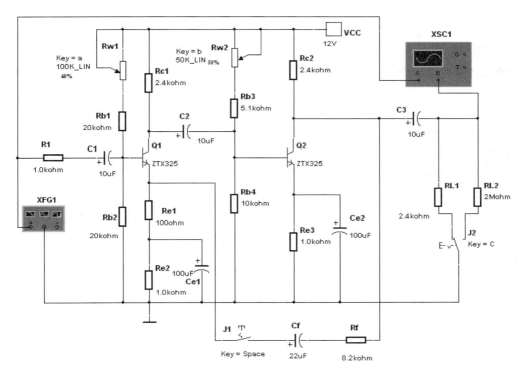

图 6-28　负反馈放大电路

4．实验步骤

(1) 测量电压放大倍数。按图 6-28 连接电路，设置信号源为幅值 2 mV，频率为 1 kHz 的正弦交流信号。调整静态工作点，使电路工作在放大状态。按 Space 键选择是否接入负反馈，按 c 键选择不同的负载，示波器监测输出波形，在输出波形不失真的情况下，用万用表交流电压档测量输出电压的大小，将数据填入表 6-3 中。

表 6-3　测 量 结 果

测试电路	负载/Ω	U_i/mV	U_o/mV	增益/K_v
不加负反馈	R_{L1}=2.4k	1.414	585.538	414
J1 断开	R_{L2}=2M	1.414	1137	804
引入负反馈	R_{L1}=2.4k	1.414	90.855	64
J1 闭合	R_{L2}=2M	1.414	98.114	69

分析表 6-3 中数据可知，在放大电路引入负反馈后，降低了放大倍数。在无负反馈时，当负载电阻减小时放大器输出减小，即放大器的放大倍数稳定性差。在有负反馈时，负载的改变对放大器的输出基本上没有影响，即提高了放大器的放大倍数稳定性。

(2) 测量输入电阻。通过测量输入电压和输入电流来计算输入电阻。

分析表 6-4 中数据可知，引入电压串联负反馈后，提高了放大电路的输入电阻。

表 6-4 输入电阻测量值

测试电路	U_i / mA	I_i / nA	$r_i = U_i$ / I_i/kΩ
不加负反馈 J1 断开	1.205	209.595	5.7
引入负反馈 J1 闭合	1.304	109.868	11.9

(3) 测量输出电阻。通过测量输出端接负载(R_L=2.4 kΩ)时的输出电压 U_{OL} 和不接负载时的输出电压 U_o，计算输出电阻值。

分析表 6-5 中数据可知，引入电压串联负反馈后，降低了放大电路的输出电阻。

表 6-5 输出电阻测量值

测试电路	U_{OL}/mV	U_o/V	$r_o=(U_o$ / $U_{OL}-1)R_L$/kΩ
不加负反馈 J1 断开	584.900	1.138	2.6
引入负反馈 J1 闭合	90.907	98.119×10^{-3}	0.21

(4) 观察负反馈对非线性失真的改善。将输入信号幅值改为 20 mV，负载接 R_{L1}，按 Space 键断开 J1，不接负反馈，打开仿真开关，用示波器观察输入、输出信号波形，如图 6-29 所示，由图可看出输出波形出现严重失真。按 Space 键闭合 J1，引入负反馈，打开仿真开关，观察到的输入、输出波形如图 6-30 所示，由图可看出非线性失真已基本消除。

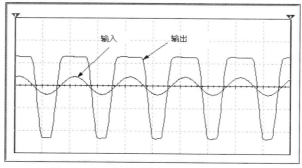

图 6-29 无负反馈电路输入、输出波形

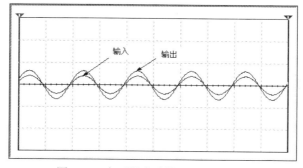

图 6-30 负反馈电路输入、输出波形

(5) 观察负反馈对放大电路频率特性的影响。将图 6-28 中的示波器换成波特图仪(注意波特图仪的连接)，具体设置可参考前面的相关内容。按 Space 键断开或闭合负反馈支路，分别测试电路的频率特性。图 6-31 所示为没有负反馈时电路的幅频特性曲线，图 6-32 所示为引入负反馈时电路的幅频特性曲线。

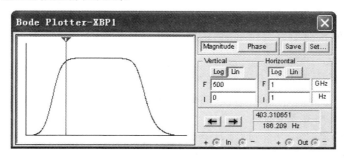

图 6-31　无负反馈电路的幅频曲线

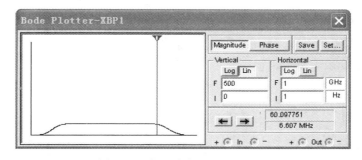

图 6-32　负反馈电路的幅频曲线

移动数轴可读取数据。无负反馈时电路的下限截止频率 f_L = 186.209 Hz，上限截止频率 f_H = 549.541 kHz，通频带 $BW = f_H - f_L$ = 549.541 kHz $-$ 0.186 kHz $\approx$ 549 kHz，通频带内幅度(即放大倍数)约为 410。

引入负反馈时电路的下限截止频率 f_L = 64.565 Hz，上限截止频率 f_H = 6.607 MHz，通频带 $BW = f_H - f_L \approx$ 6.607 MHz，通频带内幅度(即放大倍数)约为 60。

由此可见，引入负反馈后，电路的通频带展宽了近 10 倍，但放大倍数同时也下降了约 10 倍。负反馈放大电路展宽通频带是以牺牲放大电路的放大倍数为代价的。

5. 结论

引入负反馈可以改善电路的交流性能：

(1) 提高放大倍数的稳定性。

(2) 减小电路的非线性失真。

(3) 改变输入、输出电阻的大小。

(4) 展宽通频带。

6. 问题探讨

(1) 反馈电阻对负反馈放大倍数和通频带有什么影响？在 Multisim 中如何快速地观察反馈电阻的参数变化对负反馈放大倍数和通频带的影响？

(2) 电源电压的波动对负反馈增益是否有影响？

6.7　正弦波振荡电路仿真实验

1. 实验要求与目的

(1) 构建正弦波振荡电路。

(2) 分析正弦波振荡电路性能。

2. 实验原理

正弦波振荡电路是一种具有选频网络和正反馈网络的放大电路。振荡的条件是环路增益为 1，即 $AF = 1$。其中 A 为放大电路的放大倍数，F 为反馈系数。为了使电路能够起振，应使环路的增益 AF 略大于 1。

根据选频网络的不同，可以把正弦波振荡电路分为 RC 振荡电路和 LC 振荡电路。RC 振荡电路主要用来产生小于 1 MHz 的低频信号，LC 振荡电路主要用来产生大于 1 MHz 的高频信号。

图 6-33 所示是一个文氏桥式振荡电路，属于 RC 振荡电路，R_1、C_1、R_2、C_2 组成正反馈选频网络，通常取 $R_1 = R_2$，$C_1 = C_2$。R_5、R_4 和运算放大器构成一个同相比例放大电路。D_1 和 D_2 具有自动稳幅的作用。

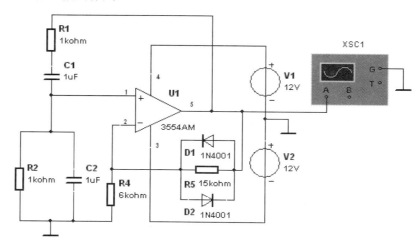

图 6-33　文氏桥式正弦波振荡电路

文氏桥式正弦波振荡电路在振荡工作时，正反馈网络的反馈系数 $F = 1/3$，放大电路的放大倍数 $A = 3$。要使电路能够起振，放大电路的放大倍数必须略大于 3。在图 6-33 中，放大电路是一个同相比例电路，它的放大倍数为 $A = 1 + (R_5/R_4)$，要使 A 略大于 3，只要取 R_5 略大于 R_4 的 2 倍即可，如电路中 $R_4 = 6$ kΩ，$R_5 = 15$ kΩ。电路的振荡频率为 $f = 1/(2\pi RC)$。

自动稳幅原理：当输出信号幅值较小时，D_1 和 D_2 接近于开路，r_d 为二极管 D_1、D_2 的动态等效电阻，由于 R_5 阻值较小，由 D_1、D_2、和 R_5 组成的并联支路的等效电阻近似为 R_5 的阻值，$A = 1 + [(r_d//R_5)/R_4] \approx 1 + R_5/R_4$。但是随着输出电压的增加，$D_1$ 和 D_2 的等效电阻将逐渐减小，负反馈逐渐增强，放大电路的电压增益也随之降低，直至降为 3，振荡器输出幅值一定的稳定正弦波。如果没有稳幅环节，当输出电压增大到过高时，运算放大器工作到非线性区，这时振荡电路就输出失真的波形。

3．实验电路

文氏桥式正弦波振荡电路如图 6-33 所示。

4．实验步骤

(1) 构建图 6-33 所示的文氏桥式正弦波振荡电路。

(2) 打开仿真开关，用示波器观察文氏桥式正弦波振荡电路的起振及振荡过程。测得的输出波形如图 6-34 所示。注意：要将屏幕下方的滑动块拖至最左端观察起振过程。

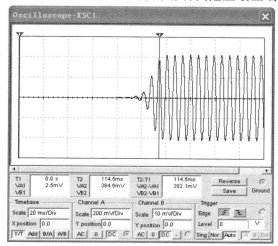

图 6-34　R_5=15 kΩ 时的振荡电路输出波形

移动数据指针，可测得振荡周期 $T = 6.3$ ms，则振荡频率 $f = 1/T = 1/6.4$ ms≈158 Hz，与理论计算值基本一致。起振时间大约为 114 ms。

(3) 改变 R_5 的值，R_5 分别取 10 kΩ 和 30 kΩ，观察输出波形。当 $R_5 = 10$ kΩ 时，没有输出信号，因为电路的放大倍数 $A = 1 +(R_5/R_4)= 1+(10/6)<3$，$AF<1$，电路不能起振；当 $R_5 = 30$ kΩ 时，示波器波形如图 6-35 所示。比较图 6-34 和 6-35 可以看出，随着 R_5 的增大，起振速度加快，起振时间大约是 12 ms，但振荡频率没有改变。

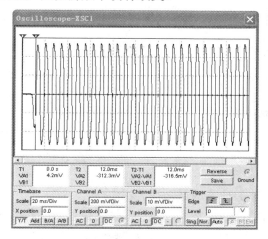

图 6-35　$R_5 = 30$ kΩ时的输出波形

(4) 将电阻 R_1 和 R_2 的阻值都改为 2 kΩ。打开仿真开关，从示波器观察输出波形如图 6-36 所示。比较图 6-36 和图 6-34 可知，当振荡频率减小为原来的 1/2 时，起振速度同时也减慢了，起振时间大约是 300 ms。

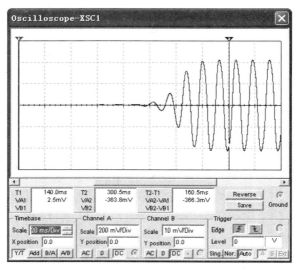

图 6-36 R_1= R_2=2 kΩ 时的输出波形

(5) 双击二极管 D_1 和 D_2，设置为开路状态，测得输出波形如图 6-37 所示，输出产生了失真。

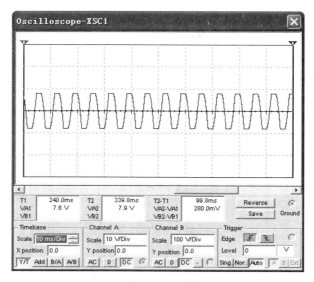

图 6-37 D_1 和 D_2 开路时输出波形

5. 结论

(1) 在起振时，电路的环路增益必须大于 1。

(2) 电路中要有自动稳幅电路，以使稳幅振荡以后，环路的增益等于 1。

(3) 通过改变选频网络的参数，可以改变振荡信号的频率。

6.8　集成运放线性应用仿真实验

1．实验要求与目的

(1) 研究集成运放线性应用的主要电路(加法电路、减法电路、微分电路和积分电路等)，掌握各电路结构形式和运算功能。

(2) 观察微分电路和积分电路波形的变换。

2．实验原理

集成运放实质上是一个高增益多级直接耦合放大电路。它的应用主要分为两类，一类是线性应用，此时电路中大都引入了深度负反馈，运放两输入端间具有"虚短"或"虚断"的特点，主要应用是和不同的反馈网络构成各种运算电路，如加法、减法、微分、积分等。另一类就是非线性应用，此时电路一般工作在开环或正反馈的情况下，输出电压不是正饱和电压就是负饱和电压，主要应用是构成各种比较电路和波形发生器等。本次实验主要研究集成运放的线性应用。

3．实验电路

集成运放线性应用的加法电路、减法电路、积分电路和微分电路分别如图 6-38～图 6-41 所示。

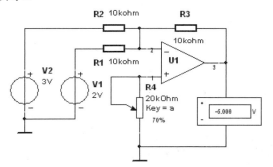

图 6-38　加法电路

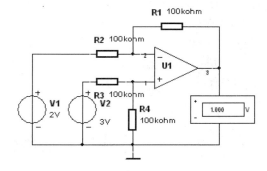

图 6-39　减法电路

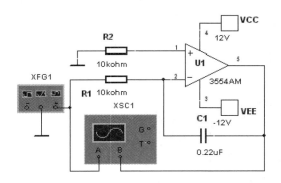

图 6-40　积分电路

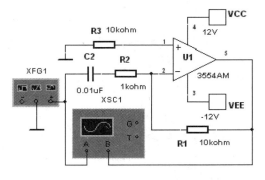

图 6-41　微分电路

4．实验步骤

(1) 测量加法电路输入/输出关系。按图 6-38 连接电路，两输入信号 V_1 和 V_2 从集成运放的反相输入端输入，构成反相加法运算电路。设置 $V_1 = 2$ V，$V_2 = 3$ V，电压表选择"DC"，打开仿真开关，测得输出电压 $U_o = -5$ V。反相输入加法运算电路的输出电压与输入电压的关系式为

$$U_o = -\left(\frac{R_f}{R_1}V_{i1} + \frac{R_f}{R_2}V_{i2}\right)$$

按图 6-38 中给定的各参数计算得

$$U_o = -(V_1 + V_2) = -5 \text{ V}$$

由此可说明电路的输出与输入是求和运算关系。

(2) 测量减法电路输入/输出关系。按图 6-39 连接电路，V_1 从反相输入端输入，V_2 从同相输入端输入，设置 $V_1 = 2$ V，$V_2 = 3$ V，电压表选择"DC"，打开仿真开关，测得输出电压 $U_o = 1$ V。减法运算电路的输出电压和输入电压之间的关系式为

$$U_o = -\frac{R_f}{R_1}(V_{i1} - V_{i2})$$

按图 6-39 中给定的各参数计算得

$$U_o = V_2 - V_1 = 1 \text{ V}$$

由此可说明电路的输出与输入是减法运算关系。

(3) 观察积分电路输入、输出波形。按图 6-40 连接电路，双击函数信号发生器，输入信号设置频率为 100 Hz，幅值为 5 V 的方波信号。打开示波器，观察输入、输出波形，如图 6-42 所示。输入信号是方波，输出信号是三角波，可见，积分电路具有波形变换的功能。积分电路的输出与输入之间的关系为

$$U_o = -\frac{1}{RC}\int V_i \, dt$$

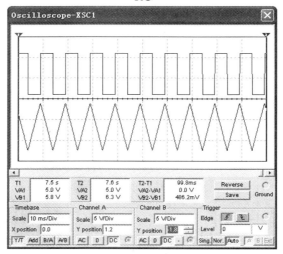

图 6-42 积分电路输入、输出波形

如果输入是直流电压(常数)，那么输出电压将随时间呈线性变化(一次函数)。从波形可以看出，输出信号与输入信号之间符合积分运算的关系。

(4) 观察微分电路输入、输出波形。按图 6-41 连接电路，双击函数信号发生器，输入信号设置频率为 100 Hz，幅值为 5 V 的三角波信号。打开示波器，观察输入、输出波形，如图 6-43 所示。输入信号是三角波，输出信号是矩形波，可见，微分电路也具有波形变换的功能。微分电路的输出与输入之间的关系为

$$U_o = -RC \frac{\mathrm{d}V_i}{\mathrm{d}t}$$

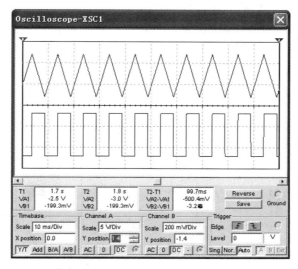

图 6-43　微分电路输入、输出波形

如果输入是线性电压(一次函数)，那么输出将是直流电压(常数)。从波形可以看出，输出信号与输入信号之间符合微分运算的关系。

6.9　电压比较器仿真实验

1．实验要求与目的

(1) 用集成运放设计并分析过零比较器性能。

(2) 用集成运放设计并分析滞回比较器性能。

(3) 用集成运放设计并分析窗口比较器性能。

2．实验原理

电压比较器的功能是能够将输入信号与一个参考电压进行大小比较，并用输出高、低电平来表示比较的结果。电压比较器的特点是电路中的集成运放工作在开环或正反馈状态。输出与输入之间呈现非线性传输特性。

过零比较器的特点是阈值电压等于零。阈值电压指输出由一个状态跳变到另一个状态的临界条件所对应的输入电压值。

滞回比较器的特点是具有两个阈值电压。当输入逐渐由小增大或由大减小时，阈值电压不同。滞回比较器抗干扰能力强。

窗口比较器的特点是能检测输入电压是否在两个给定的参考电压之间。

3．实验电路

过零比较器、滞回比较器和窗口比较器的实验电路分别如图 6-44～图 6-46 所示。

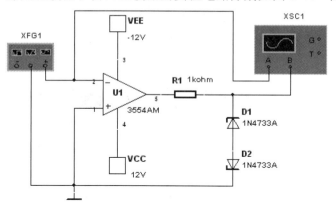

图 6-44　过零比较器

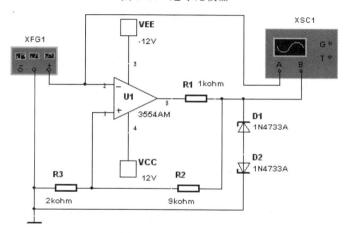

图 6-45　滞回比较器

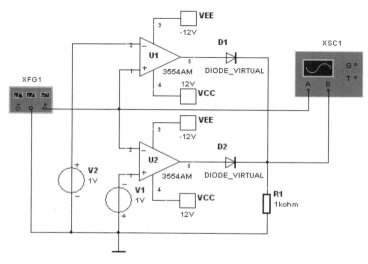

图 6-46　窗口比较器

4．实验步骤

(1) 构建图 6-44 所示的过零比较器电路，稳压二极管采用 IN4733A。信号发生器产生频率为 1 kHz，幅值为 2 V 的正弦信号。打开仿真开关，用示波器观察过零比较器的输入、输出波形，移动数据指针，读取输出波形的幅值。过零比较器的输入、输出波形如图 6-47 所示，从波形可以看出，输入信号过零时，输出信号就跳变一次。输出高低电平的值由稳压二极管限制，约为 5.5 V。

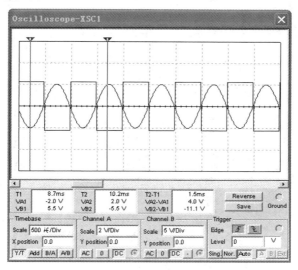

图 6-47　过零比较器输入、输出波形

(2) 构建图 6-45 所示的滞回比较器电路。打开仿真开关，示波器观察到的输入、输出波形如图 6-48 所示。移动数据指针，可以读取其幅值，当输入由小到大逐渐增大到 1.1 V 时，输出由高电平跳变到低电平；当输入由大到小逐渐减小到 −1.1 V，输出由低电平跳变到高电平。因此，该滞回比较器的下限阈值电压为 −1.1 V，上限阈值电压为 1.1 V。

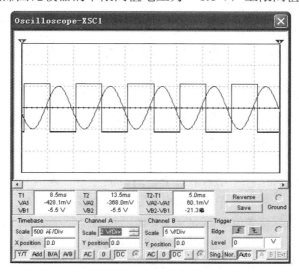

图 6-48　滞回比较器输入、输出波形

(3) 构建图 6-46 所示的窗口比较器电路。打开仿真开关，示波器观察到的输入、输出波形如图 6-49 所示。由于两个参考电压分别是 1 V 和 −1 V，可以观察到，当输入信号处于 −1 V ～ 1 V 窗口范围内时，输出为低电平，在窗口外，不管信号如何，输出均为高电平。该窗口比较器的上、下限阈值电压分别是 1 V 和 −1 V。

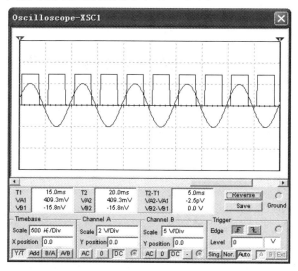

图 6-49　窗口比较器输入、输出波形

5. 结论

比较上面三种形式的比较器，虽然电路的性能不同，但共同点是输出不是高电平就是低电平，再仔细观察电路，可以发现集成运放不是工作在开环状态就是工作在正反馈状态，所以，电路工作在集成运放的非线性区。

6. 问题探讨

(1) 如何改变滞回比较器的上、下限阈值电压？

(2) 窗口比较器中 D_1 和 D_2 两只二极管的作用是什么？

6.10　有源滤波电路仿真实验

1. 实验要求与目的

(1) 构建有源低通滤波电路，掌握有源滤波电路的结构形式。

(2) 分析有源低通滤波电路性能。

2. 实验原理

滤波器是一种能使有用频率信号通过而同时抑制无用频率信号的电子器件。RC 电路具有选频作用，但对信号没有放大作用，而且带负载能力很差，因此，通常采用 RC 选频网络与有源器件相配合组成有源滤波器。有源滤波器按通过频率的范围，可分为高通、低通、带通和带阻等。本次实验主要研究有源低通滤波电路。有源低通滤波电路允许从零到某个截止频率的信号无衰减地通过，而对其他的频率信号有抑制作用。

有源低通滤波电路可分为一阶有源低通滤波电路和二阶压控电压源低通滤波电路。一阶有源低通滤波电路由一节 *RC* 电路和同相比例放大电路构成。其通带电压放大倍数即为同相比例放大电路的放大倍数，即 $A_0 = 1+(R_f / R_i)$，截止角频率 $\omega_0 = 1/RC$，传递函数为

$$A(s) = \frac{A_0}{1 + \dfrac{s}{\omega_0}}$$

一阶有源滤波电路的滤波效果不够好。当信号频率大于截止频率时，信号的衰减率只有 20 dB/十倍频。而且在截止频率附近，有用信号也受到衰减。

二阶压控电压源低通滤波电路由两节 *RC* 电路和同相比例放大电路构成。其通带电压放大倍数即为同相比例放大电路的放大倍数，即 $A_0 = 1+(R_f / R_i)$，传递函数为

$$A(s) = \frac{A_0 \omega_0^{\,2}}{s^2 + \dfrac{\omega_0}{Q} s + \omega_0^{\,2}}$$

其中，$\omega_0 = 1/RC$ 为特征角频率；$Q = 1/(3 - A_0)$ 为等效品质因数。

二阶压控电压源低通滤波电路衰减率可以达到 40 dB/十倍频，而且在截止频率附近，有用信号可以得到一定提升。

3. 实验电路

一阶低通滤波电路和二阶压控电压源低通滤波器电路分别如图 6-50 和图 6-51 所示。

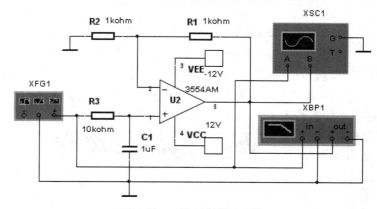

图 6-50   一阶低通滤波电路

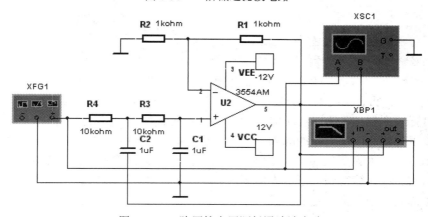

图 6-51   二阶压控电压源低通滤波电路

4. 实验步骤

(1) 分析一阶低通滤波电路的性能。按图 6-50 构建一阶低通滤波电路。信号发生器设置为产生频率为 10 Hz、幅值为 1 V 的正弦信号。打开仿真开关，示波器上显示一阶有源低通滤波电路的输入、输出波形，如图 6-52 所示。输出信号的相位滞后输入信号的相位，低通滤波电路的相位是滞后型的。测量输入、输出波形的幅值分别为 1 V 和 1.6 V，计算得到电压放大倍数约为 1.6。同相比例运算放大电路的放大倍数为 2，信号有所衰减。

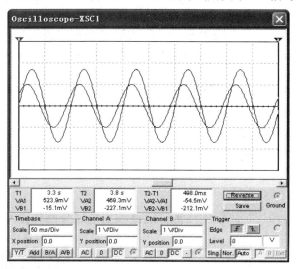

图 6-52　一阶有源滤波电路的输入、输出波形

波特图仪测量的幅频特性曲线如图 6-53 所示，从幅频特性曲线可以看出，这是一个低通电路，移动数据指针到最大值的 0.707 倍处，得到截止频率约为 15 Hz。再将指针移到 10 Hz 处，可以读得放大倍数约为 1.6，与波形测量结果是吻合的。

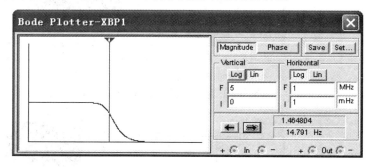

图 6-53　一阶有源低通滤波电路的频率特性

(2) 分析二阶低通滤波电路的性能。按图 6-51 构建二阶压控电压源低通滤波电路。信号发生器设置为产生频率为 10 Hz、幅值为 1 V 的正弦信号。打开仿真开关，示波器上显示二阶压控电压源低通滤波电路的输入、输出波形，如图 6-54 所示。输出信号的相位滞后输入信号的相位，再次说明低通滤波电路的相位是滞后型的。测量输入、输出波形的幅值分别为 1 V 和 2.2 V，计算得到电压放大倍数约为 2.2。同相比例运算放大电路的放大倍数为 2，输出信号在此频率处得到一定的提升。

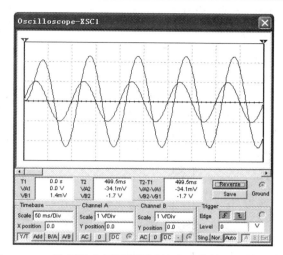

图 6-54　二阶压控电压源低通滤波电路的输入、输出波形

波特图仪测量的幅频特性曲线如图 6-55 所示，它与一阶低通滤波电路频率特性相比较可以看出，转折区更陡峭，在转折处出现一个峰值，进一步提升低频处的放大倍数，使特性更理想。将指针移到 10 Hz 处，可以读得放大倍数约为 2.2，与波形测量结果是吻合的。

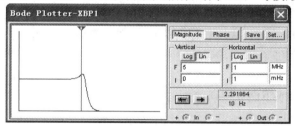

图 6-55　二阶压控电压源低通滤波电路频率特性

6.11　功率放大电路仿真实验

1. 实验要求与目的

(1) 构建 OCL 互补对称功率放大电路，熟悉电路结构形式。

(2) 分析 OCL 互补对称功率放大电路的性能。

2. 实验原理

功率放大电路的主要作用是向负载提供较大功率。按功放管工作位置设置的不同可分为甲类、乙类和甲乙类放大等形式。按电路的结构可分为阻容耦合、变压器耦合和互补对称等类型的功率放大电路。目前应用较为广泛的功率放大电路有 OCL 型功率放大电路和 OTL 型功率放大电路。OTL 互补功率放大电路的特点是输出端不需要变压器，只需要一个大电容，其电路仅需要单电源供电。OCL 互补对称功率放大电路的特点是输出端不需要变压器或大电容，因此易于做成集成电路，但是需要双电源供电。

3. 实验电路

OCL 互补对称功率放大电路如图 6-56 所示。

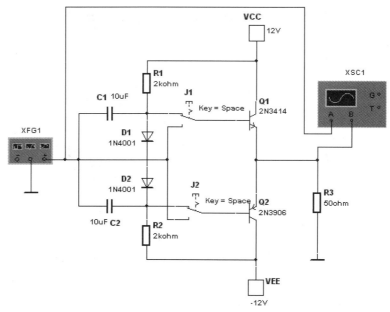

图 6-56　*OCL* 互补对称功率放大电路

4. 实验步骤

(1) 按图 6-56 所示连接 *OCL* 互补对称功率放大电路。Q_1 为 NPN 晶体管，Q_2 为 PNP 晶体管。选择要求尽可能地匹配。信号发示生器产生频率为 1 kHz、幅值为 2 V 的正弦交流信号作为输入信号。示波器的 A 通道接输入信号，B 通道接输出信号。J1 和 J2 开关通过 Space 键控制接通上面或下面，接通上面时电路为甲乙类功率放大电路，接通下面时，电路为乙类功率放大电路。

(2) 打开仿真开关，按 Space 键接通下面的位置，此时电路工作在乙类状态。打开示波器面板，观察 *OCL* 乙类互补功率放大电路输入波形和输出波形。输入、输出波形如图 6-57 所示，上面的是输入波形，下面的是输出波形，可以看到输出与输入是同相的，但输出波形产生了交越失真。这是因为晶体管没有直流偏置，而晶体管的导通需要越过死区电压后才能导电，输入信号在零附近时，不足以使电路导通而产生的。

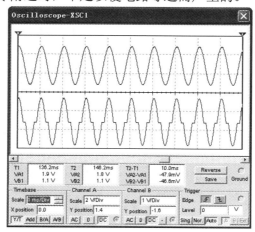

图 6-57　*OCL* 乙类互补对称功率放大电路的输入、输出波形

（3）按 Space 键接通上面的位置，此时电路工作在甲乙类状态。打开示波器面板，观察 *OCL* 甲乙类互补功率放大电路输入波形和输出波形。输入、输出波形如图 6-58 所示，上面的是输入波形，下面的是输出波形，可以看到输出波形不再出现交越失真。

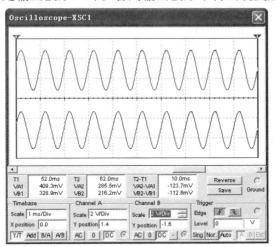

图 6-58　*OTL* 甲乙类互补对称功率放大电路的输入、输出波形

（4）将信号发生器产生的输入信号的幅值逐渐增大，用示波器监测输出信号波形，直到输出最大不失真波形为止，测量最大不失真输出时电路的输出电压和电流。

最后测得电路的输出电压有效值约为 7.728 V，输出电流有效值约为 0.115 A。因此，电路的最大不失真输出功率为 7.728×0.155≈1.197 84 W。

下面用公式计算电路的最大不失真输出功率。

$$P_{om} = \frac{1}{2} U_{cem} I_{cem} \approx \frac{1}{2} \frac{(V_{cc} - U_{ces})^2}{R_L} \approx \frac{1}{2} \times \frac{(12-1)^2}{50} \approx 1.21 \text{ W}$$

测量的结果与理论计算结果基本一致。

6.12　串联稳压电路仿真实验

1．实验要求与目的
（1）建立串联稳压电路。
（2）分析串联稳压电路的性能。

2．实验原理
串联稳压电路主要由基准电压产生电路、取样电路、比较放大环节和调制管组成。在图 6-59 所示实验电路中，稳压管构成的稳压电路作为基准电压产生电路。集成运放电路构成比较放大电路，晶体管 Q_1 作为调制管，电阻 R_2、R_3 和 R_4 组成取样电路。在电路工作时，比较放大电路先把取样电路从输出电压分取的部分电压和稳定的基准电压进行比较、放大，然后再送给调制管进行电压调制，从而使负载上输出电压保持基本不变。由于调制管与负载串联，所以该电路称为串联稳压电路。

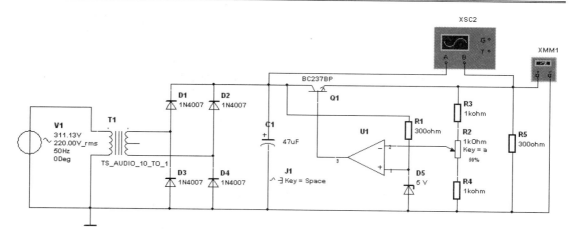

图 6-59　串联稳压电路

3．实验电路

串联稳压电路如图 6-59 所示。变压器 T_1 将 220 V 的交流电降压，D_1、D_2、D_3、D_4 构成桥式全波整流电路，C_1 为滤波电容，可以通过开关 J1 控制是否接入滤波电容。BC237BP 为调制管，R_3、R_2、R_4 组成取样电路，R_1 与稳压二极管 D_5 构成基准电压电路，提供基准电压，U_1 为虚拟三端运放电路，构成比较放大环节，R_5 为负载。XSC2 示波器 A 接稳压电路的输入电压，B 接稳压电路的输出电压，XMM1 调到直流电压档，测量输出电压的大小。

4．实验步骤

(1) 建立图 6-59 所示的串联稳压电路。220 V 交流电经过变压器降压和桥式整流电容滤波后，送到串联型稳压电路的输入端。

(2) 打开仿真开关，用示波器观察串联稳压电路的输入波形和输出波形。示波器观察到的输入、输出波形如图 6-60 所示。

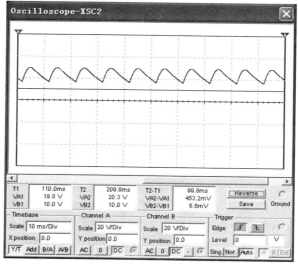

图 6-60　串联稳压电路的输入、输出波形

　　上面的波形经降压、整流、滤波后的纹波电压送入串联稳压电路的输入端。下面的波形是稳压后的输出波形，稳压后的输出纹波成分明显减小，同时从示波器上可以读出输出电压约为 10 V。

　　(3) 按 A 键或 Shift + A 键，通过调节电位器调节输出电压。找出输出电压的最大值和最小值，并与理论计算结果比较。

　　当电位器 R_2 调到 0%，即滑动端调到了最下端时，万用表显示最大输出电压为 15 V；当电位器 R_2 调到 100%，即滑动端调到了最上端时，万用表显示最小输出电压为 7.5 V。

　　理论计算：

　　已知基准电压 $V_Z = 5$ V，当电位器 R_2 调到最上端时，输出电压的值为

$$U_o = \frac{R_3 + R_2 + R_4}{R_2 + R_4} V_Z = \frac{1+1+1}{2} \times 5 = 7.5 \quad V$$

当电位器 R_2 调到最下端时，输出电压的值为

$$U_o = \frac{R_3 + R_2 + R_4}{R_2 + R_4} V_Z = \frac{1+1+1}{1} \times 5 = 15 \quad V$$

　　调节电位器 R_2，可以使稳压电路的输出在 7.5～15 V 范围内。万用表测量结果与理论计算结果一致。

第 7 章　数字电子技术 Multisim 仿真实验

7.1　集成门电路仿真实验

1. 实验要求与目的

(1) 验证常用门电路的功能。

(2) 掌握集成门电路的逻辑功能。

2. 实验原理

集成逻辑门电路是最简单、最基本的数字集成元件，任何复杂的组合逻辑电路和时序逻辑电路都是由逻辑门电路通过适当的逻辑组合连接而成的。常用的基本逻辑门电路有：与门、或门、非门、与非门、或非门等。

3. 实验电路及步骤

(1) TTL 2 输入与门逻辑功能验证。实验电路如图 7-1 所示。打开仿真开关，切换单刀双掷开关 J1 和 J2，观察探测器的亮灭，验证集成与门 74LS08 的逻辑功能。探测器亮表示输出高电平 1，灭表示输出低电平 0。

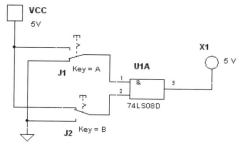

图 7-1　与门逻辑功能验证电路

(2) TTL 2 输入与非门逻辑功能验证。实验电路如图 7-2 所示。打开仿真开关，切换单刀双掷开关 J1 和 J2，观察探测器的亮灭，验证集成与非门 74LS00 的逻辑功能。

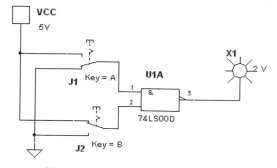

图 7-2　与非门逻辑功能验证电路

(3) TTL 2 输入或非门逻辑功能验证。实验电路如图 7-3 所示。打开仿真开关，切换单刀双掷开关 J1 和 J2，观察探测器的亮灭，验证集成或非门 74LS02 的逻辑功能。

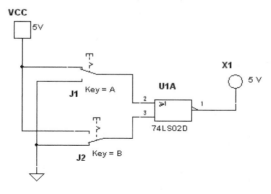

图 7-3　或非门逻辑功能验证电路

(4) TTL 非门逻辑功能验证。实验电路如图 7-4 所示。打开仿真开关，切换单刀双掷开关 J1，观察探测器的亮灭，验证集成非门 74LS04 的逻辑功能。

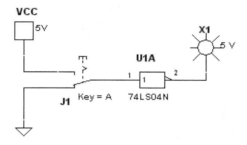

图 7-4　非门逻辑功能验证电路

(5) TTL 异或门逻辑功能验证。实验电路如图 7-5 所示。打开仿真开关，切换单刀双掷开关 J1 和 J2，观察探测器的亮灭，验证集成异或门 74LS386 的逻辑功能。

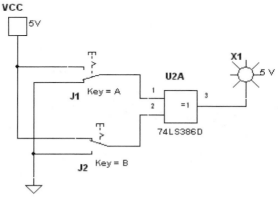

图 7-5　异或门逻辑功能验证电路

4．思考题

(1) 自己构建电路，对其他集成电路的逻辑功能进行仿真验证。

(2) 对 CMOS 集成门电路进行仿真验证。

7.2　组合逻辑电路的分析与设计

1．实验要求与目的

(1) 利用逻辑转换仪对组合逻辑电路进行分析与设计。

(2) 掌握组合逻辑电路的分析与设计方法。

2．实验原理

组合逻辑电路是一种重要的数字逻辑电路。组合逻辑电路的稳定输出在任何时刻仅仅取决于同一时刻输入信号的取值组合，而与电路以前的状态无关。

根据给定的逻辑电路确定其逻辑功能的过程称为电路的分析过程；根据逻辑要求求解逻辑电路的过程称为电路的设计过程。

逻辑转换仪是在 Multisim 2001 软件中常用的数字逻辑电路设计和分析的仪器，使用方便、简单，能很好地辅助电路的分析与设计。

3．实验电路及步骤

1) 利用逻辑转换仪对给定的逻辑电路进行分析

(1) 按图 7-6 所示连接电路。

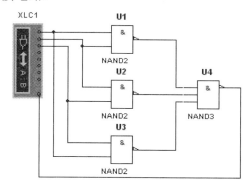

图 7-6　待分析的组合逻辑电路

(2) 双击逻辑转换仪图标，在逻辑转换仪面板上单击按钮 ▱→101 (由逻辑电路转换为真值表)，立刻得到电路的真值表，再单击按钮 101 SIMP AIB (由真值表转换为简化逻辑函数表达式)，在面板的下面得到简化后的逻辑表达式。分析结果如图 7-7 所示。

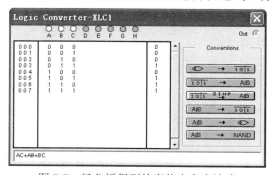

图 7-7　经分析得到的真值表和表达式

　　观察真值表发现，在 A、B、C 三个输入变量中有两个或两个以上为 1 时，输出为 1，否则输出为 0，因此这个电路是一个三人表决电路。

　　2) 利用逻辑转换仪设计逻辑电路

　　(1) 设计要求：设计一个火灾报警控制电路。该报警系统设有烟感、温感和紫外线感三种不同类型的火灾探测器。为了防止误报警，只有当其中两种或两种以上的探测器发出火灾探测信号时，报警系统才产生控制信号。

　　(2) 探测器发出的火灾探测信号有两种可能：一种是高电平(1)，表示有火灾报警；一种是低电平(0)，表示无火灾报警。设 A、B、C 分别表示烟感、温感和紫外线感三种探测器的探测信号，为报警电路的输入信号；设 Y 为报警电路的输出。在逻辑转换仪面板上根据设计要求列出真值表，如图 7-8 所示。

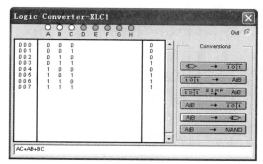

图 7-8　真值表

　　(3) 在逻辑转换仪面板上单击按钮 [101 SIMP AIB] 后，得到图 7-8 所示面板下方的逻辑函数表达式。

　　(4) 再单击按钮 [AIB → ⊃] ，得到图 7-9 所示的逻辑电路。

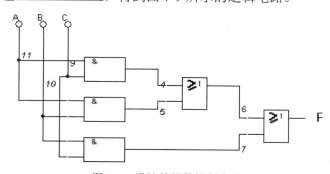

图 7-9　设计的报警控制电路

4．思考题

(1) 设计一个四变量一致电路，要求用与非门来实现。

(2) 利用逻辑转换仪对图 7-10 所示逻辑电路进行分析。

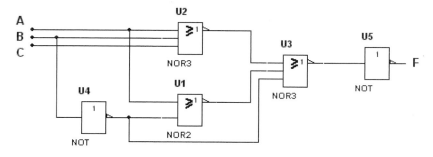

图 7-10　待分析的组合逻辑电路

7.3　编码器仿真实验

1．实验要求与目的

(1) 构建编码器实验电路。

(2) 分析 8 线-3 线优先编码器 74LS148 的逻辑功能。

2．实验原理

编码器的逻辑功能是将输入的每一个信号编成一个对应的二进制代码。优先编码器的特点是允许编码器同时输入两个以上编码信号，但只对优先级别最高的信号进行编码。

8 线-3 线优先编码器 74LS148 有 8 个信号输入端，输入端为低电平时表示请求编码，为高电平时表示没有编码请求；有 3 个编码输出端，输出 3 位二进制代码；编码器还有一个使能端 EI，当其为低电平时，编码器才能正常工作；还有两个输出端 GS 和 E0，用于扩展编码功能，GS 为 0 表示编码器处于工作状态，且至少有一个信号请求编码；E0 为 0 表示编码器处于工作状态，但没有信号请求编码。

3．实验电路

构建 8 线-3 线优先编码器的实验电路，如图 7-11 所示。输入信号通过单刀双掷开关接优先编码器的输入端，开关通过键盘上的 A～H 键控制接高电平(VCC)或低电平(地)。使能端通过 Space 键控制接高电平或低电平。输出端接逻辑探测器监测输出。

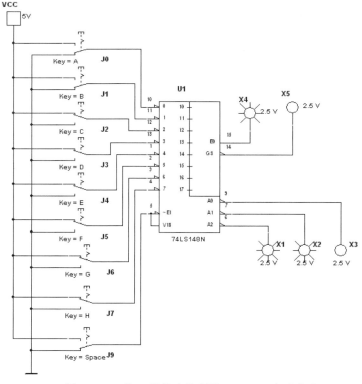

图 7-11　8 线-3 线优先编码器 74LS148 实验电路

4．实验步骤

(1) 按图 7-11 连接电路。

(2) 打开仿真开关，按 Space 键使 EI 输入端输入高电平，观察探测器的输出。

(3) 按 Space 键使 EI 输入端输入低电平，在输入端依次输入低电平，观察探测器的变化。

(4) 在输入端同时输入两个以上的低电平，观察探测器的变化。

5．实验数据及结论

实验结果如表 7-1 所示。

表 7-1　优先编码器 74LS148 功能表

输　入									输　出				
EI	0	1	2	3	4	5	6	7	A2	A1	A0	GS	E0
1	×	×	×	×	×	×	×	×	1	1	1	1	1
0	×	×	×	×	×	×	×	0	0	0	0	0	1
0	×	×	×	×	×	×	0	1	0	0	1	0	1
1	×	×	×	×	×	0	1	1	0	1	0	0	1
0	×	×	×	×	0	1	1	1	0	1	1	0	1
0	×	×	×	0	1	1	1	1	1	0	0	0	1
0	×	×	0	1	1	1	1	1	1	0	1	0	1
1	×	0	1	1	1	1	1	1	1	1	0	0	1
0	0	1	1	1	1	1	1	1	1	1	1	0	1
0	1	1	1	1	1	1	1	1	1	1	1	1	0

优先编码器 74LS148 输入端低电平有效，低电平表示有编码请求。三个编码输出端 A2、A1、A0 以反码形式输出三位二进制代码。EI 是使能端，当其为低电平时，编码器才能正常工作。GS 和 E0 为输出端。当编码器处于工作状态，并且输入端至少有一个信号请求编码时，GS 输出 0；当编码器处于工作状态，且输入端没有信号请求编码时，E0 输出 0。

6．思考题

将两片优先编码器 74LS148 扩展成 16 线-4 线编码器，并进行功能仿真。

7.4　译码器仿真实验

1．实验要求与目的

(1) 构建 3 线-8 线译码器实验电路。

(2) 分析 3 线-8 线译码器 74LS138 的逻辑功能。

(3) 构建显示译码器的实验电路。

(4) 分析 7 段显示译码器 74LS47 的逻辑功能。

2．实验原理

译码是编码的逆过程。译码器就是将输入的二进制代码翻译成输出端的高、低电平信号。3 线-8 线译码器 74LS138 有 3 个代码输入端和 8 个信号输出端。此外还有 G1、G2A、G2B 使能控制端，只有当 G1 = 1、G2A = 0、G2B = 0 时，译码器才能正常工作。

7 段 LED 数码管俗称数码管，其工作原理是将要显示的十进制数分成 7 段，每段为一个发光二极管，利用不同发光段的组合来显示不同的数字。74LS48 是显示译码器，可驱动共阴极的 7 段 LED 数码管。

3. 实验电路

由 74LS138 构成的实验电路如图 7-12 所示。调用字信号发生器产生数字信号，作为译码器的输入信号。输出端连接 8 个逻辑探测器，观察 8 路输出信号的高低电平状态。使能端 G1 接高电平，G2A 和 G2B 接低电平。

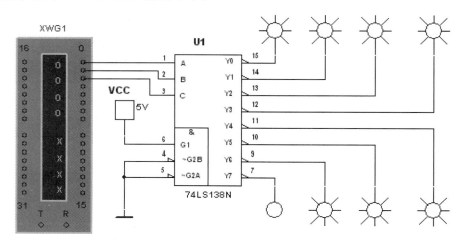

图 7-12　3 线-8 线译码器 74LS138 实验电路

74LS48 显示译码器的实验电路如图 7-13 所示。调用字信号发生器输入 8421BCD 码，3 个单刀双掷开关控制 LT、RBI 和 BI/RBO 接高电平或低电平，输出端接 7 个逻辑探测器，监测输出电平的高低，同时驱动 7 段 LED 共阴极数码管。

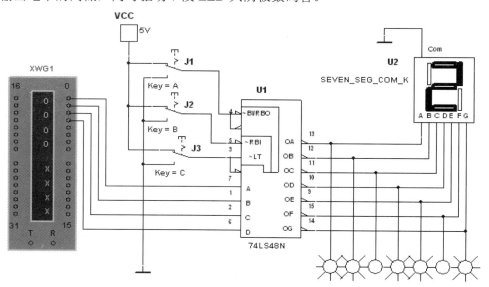

图 7-13　74LS48 显示译码器的实验电路

4. 实验步骤

(1) 按图 7-12 连接电路。双击字信号发生器图标，打开字信号发生器面板，按图 7-14 所示的内容设置字信号发生器的各项内容。

(2) 打开仿真开关，不断单击字信号发生器面板上的单步输出 Step 按钮，观察输出信号与输入代码的对应关系，并记录下来。

(3) 按图 7-13 连接电路。双击字信号发生器图标，打开字信号发生器面板，按图 7-15 所示的内容设置字信号发生器的各项内容。

(4) 打开仿真开关，按 A 键控制～BI/RBO 接高电平或低电平，观察输出信号和数码管的显示；当 BI/RBO 接高电平时，按 C 键使～LT 接低电平，观察输出信号和数码管的显示。

(5) ～LT、～RBI 和～BI/RBO 都接高电平时，按字信号发生器面板上的单步输出按钮 Step，观察输出信号与输入代码的对应关系，并记录下来。

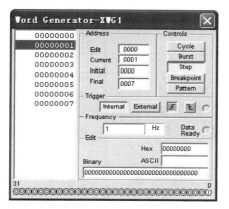

图 7-14　字信号发生器的设置

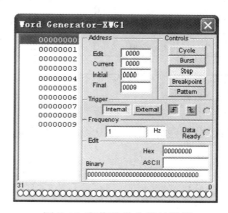

图 7-15　字信号发生器的设置

5. 实验数据及结论

74LS138 的实验结果如表 7-2 所示。由结果可看出，74LS138 3 线-8 线译码器的输出是低电平有效。

表 7-2　3 线-8 线译码器 74LS138 的功能表

输　入			输　出							
C	B	A	Y_0	Y_1	Y_2	Y_3	Y_4	Y_5	Y_6	Y_7
0	0	0	0	1	1	1	1	1	1	1
0	0	1	1	0	1	1	1	1	1	1
0	1	0	1	1	0	1	1	1	1	1
0	1	1	1	1	1	0	1	1	1	1
1	0	0	1	1	1	1	0	1	1	1
1	0	1	1	1	1	1	1	0	1	1
1	1	0	1	1	1	1	1	1	0	1
1	1	1	1	1	1	1	1	1	1	0

74LS48 显示译码器的实验结果如表 7-3 所示。由结果可看出，74LS48 显示译码器的输出是高电平有效，它驱动共阴极数码管显示，显示的数字与输入的 BCD 码对应的十进制数一致。

表 7-3　显示译码器 74LS48 的功能表

输 入						BI/RBO	输 出							显示
LT	RBI	D	C	B	A		OA	OB	OC	OD	OE	OF	OG	
×	×	×	×	×	×	0	0	0	0	0	0	0	0	灭
0	×	×	×	×	×	1	1	1	1	1	1	1	1	8
1	0	0	0	0	0	0	0	0	0	0	0	0	0	灭
1	1	0	0	0	0	1	1	1	1	1	1	1	0	0
1	×	0	0	0	1	1	0	1	1	0	0	0	0	1
1	×	0	0	1	0	1	1	1	0	1	1	0	1	2
1	×	0	0	1	1	1	1	1	1	1	0	0	1	3
1	×	0	1	0	0	1	0	1	1	0	0	1	1	4
1	×	0	1	0	1	1	1	0	1	1	0	1	1	5
1	×	0	1	1	0	1	0	0	1	1	1	1	1	6
1	×	0	1	1	1	1	1	1	1	0	0	0	0	7
1	×	1	0	0	0	1	1	1	1	1	1	1	1	8
1	×	1	0	0	1	1	1	1	1	0	0	1	1	9

6. 思考题

(1) 将两片 3 线-8 线译码器 74LS148 扩展成 4 线-16 线译码器，并进行功能仿真。

(2) 设计电路显示 06.050，要求最前和最后的两个零要灭掉，中间的零要显示出来。

7.5　数据选择器仿真实验

1. 实验要求与目的

(1) 构建数据选择器的实验电路。

(2) 分析数据选择器的逻辑功能。

2. 实验原理

数据选择器是能从一组输入数据中选出某一个输出的电路。74LS153 是集成双 4 选 1 的数据选择器。当地址代码 G1、G0 端输入不同的地址时，74LS153 能从 4 个输入数据中选出相应的一个，从输出端输出。

3. 实验电路

数据选择器实验电路如图 7-16 所示。

4. 实验步骤

(1) 按图 7-16 连接数据选择器实验电路。地址输入开关设置为由 A 键和 B 键控制接高电平或低电平，使能端 EN 由 C 键控制，数据输入由字信号发生器产生。字信号发生器按递增编码输出，起始地址设置为 0000，终止地址设置为 000F，频率设置为 1 kHz。电路的输出和输入都接到逻辑测试仪上以进行监测。

(2) 打开仿真开关，单击字信号发生器循环 Cycle 键，控制使能端 EN 接高电平或低电平，观察输出信号。当使能端接低电平时，按 A、B 键改变地址输入，使 G1G0 分别为 **00**、**01**、**10**、**11**，观察输出信号。

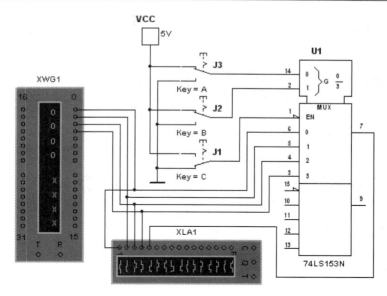

图 7-16　数据选择器实验电路

(3) 记录不同输入时的输出信号。图 7-17 所示是使能端 EN 为低电平，G1G2 为 11 时由逻辑分析仪观察到的输入、输出信号。编号 14、15、16、17 对应的四路信号分别是第 0、1、2、3 路输入信号，编号 20 对应的信号是输出信号。可以看到，输出信号与第 3 路信号是一样的，此时数据选择器选择的是输出第 3 路数据。

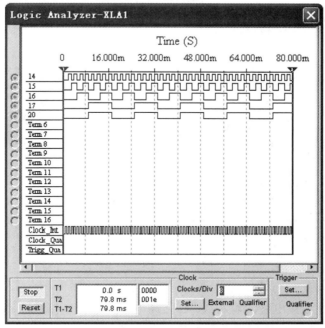

图 7-17　逻辑分析仪的观察结果

(4) 将各种不同输入信号的测试结果汇总成一个表格，即为数据选择的功能表。74LS153 的功能表如表 7-4 所示。

表 7-4　74LS153 的功能表

EN	G1	G0	输出 Y
1	×	×	0
0	0	0	Data0
0	0	1	Data1
0	1	0	Data2
0	1	1	Data3

7.6　组合逻辑电路中的竞争冒险现象仿真

1. 实验要求与目的

(1) 分析给定组合逻辑电路有无冒险现象。

(2) 采用修改逻辑设计的方法消除竞争冒险现象。

2. 实验原理

当组合逻辑电路的输入信号发生变化时，由于门电路的延时作用，使信号从输入经过不同的通路传输到输出级所需的时间不同，从而电路输出可能违反逻辑功能的尖峰脉冲。如果负载对尖峰脉冲敏感，就必须设法将其消除。常用的消除竞争冒险的方法有接入滤波电路、引入选通脉冲和修改逻辑设计。

3. 实验电路

组合逻辑电路如图 7-18 所示。

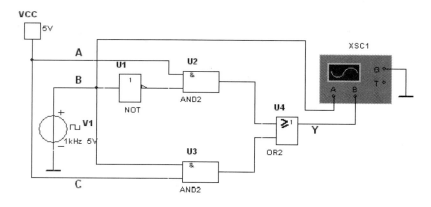

图 7-18　组合逻辑电路

4. 实验步骤

(1) 按图 7-18 连接电路，输入 A、C 接高电平，输入 B 接脉冲信号，脉冲信号的频率设置为 1 kHz，输入信号 B 和输出信号 Y 接示波器，以监测输入、输出信号波形。

(2) 由示波器观察到的信号波形如图 7-19 所示。

分析图 7-18 所示的组合逻辑电路，输出 $Y = A\overline{B} + BC$，当 $A = C = 1$ 时，$Y = B + \overline{B} = 1$，输出恒为 1。

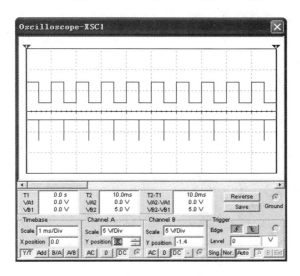

图 7-19　组合逻辑电路的竞争冒险

再观察输出波形。在输入信号 B 由 1 变 0 时，输出出现了负尖脉冲，此时逻辑电路由于竞争冒险而产生了错误输出；在输入信号 B 由 0 变 1 时，电路也有竞争，但没有产生错误的逻辑输出。所以冒险一定是由竞争产生的，但竞争不一定会产生冒险。

如果电路对尖峰脉冲敏感，显然错误的逻辑输出会影响电路的正常工作，因此通常要设法将其消除。

(3) 用修改逻辑的方法来消除电路中产生的竞争冒险。增加冗余项 AC，即 $Y = A\overline{B} + BC + AC$。当 A = C = 1 时，无论 B 如何变化，Y 始终保持为 1，不会再出现竞争冒险。修改后的逻辑电路如图 7-20 所示。

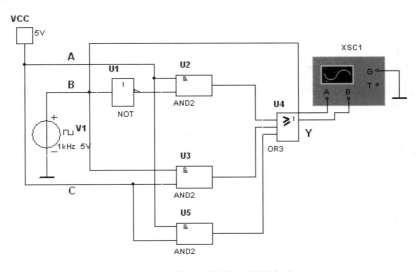

图 7-20　修改后的组合逻辑电路

(4) 用示波器观察输入、输出信号波形，如图 7-21 所示。可以看到，在修改逻辑后，电路的输出恒为 1，消除了竞争冒险现象。

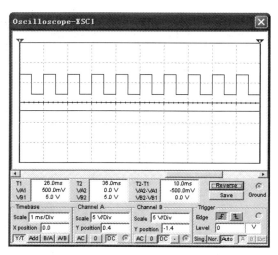

图 7-21　修改逻辑后的电路波形

5. 思考题

(1) 设计一个可能会产生正尖峰脉冲冒险(1 型冒险)的组合逻辑电路，并进行仿真。

(2) 消除电路的竞争冒险，并进行仿真。

7.7　触发器仿真实验

1. 实验要求与目的

(1) 观察并分析各种触发器的逻辑功能。

(2) 观察异步置 1、置 0 端的作用。

2. 实验原理

触发器是构成时序逻辑电路的基本逻辑单元，具有记忆、存储二进制信息的功能。根据逻辑功能的不同，可以将触发器分为 RS、JK、D、T 触发器等。同步触发器受时钟 CP 电平的控制；边沿触发器是指只能在时钟 CP 上升沿或下降沿才能根据输入信号进行状态转换，而在其他时刻输入信号的变化不会影响输出状态的触发器。

异步置 1、置 0 端不受 CP 和输入信号的控制，可以直接置触发器状态为 1 或 0。

3. 实验电路和步骤

1) 基本 RS 触发

基本 RS 触发器是各种触发器电路中最简单的一种。

(1) 实验电路：由与非门构成的基本 RS 触发器如图 7-22 所示，两个输入端用 R 键和 S 键控制。

(2) 通过按 R 键和 S 键分别输入 00、01、10、11 四种状态，观察输出 Q 和 $\overline{Q}$ 的变化，并记录下来。

当输入端输入 00 时，同时按 R 和 S 键，观察输出信号，会发现由于不可能做到完全同时，因此输出的状态是不确定的。

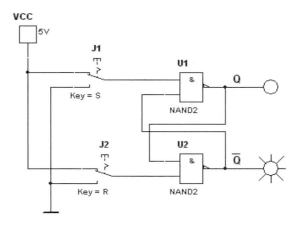

图 7-22　由与非门构成的基本 RS 触发器

由与非门构成的基本 RS 触发器的功能表如表 7-5 所示。由该表可见，触发信号为低电平有效。

表 7-5　由与非门构成的基本 RS 触发器的功能表

S	R	Q^n	Q^{n+1}	功　　能
0	0	0 1	不确定	不允许
0	1	0 1	1 1	置 1
1	0	0 1	0 0	置 0
1	1	0 1	0 1	保持

2) 同步 RS 触发器

同步 RS 触发器与基本 RS 触发器相比多了一个同步时钟 CP 信号，只有在同步信号到达时，触发器才按输入信号的状态改变其输出状态。

(1) 实验电路：如图 7-23 所示，同步 RS 触发器的信号输入及时钟输入均用开关控制，输出用逻辑探测器监测。

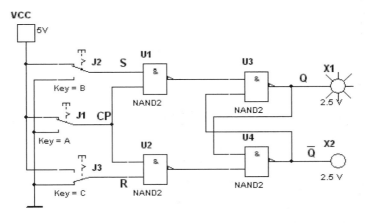

图 7-23　同步 RS 触发器

(2) 按 A 键使 CP 输入低电平，通过按 B 键和 C 键改变 S 和 R 输入端的状态，观察并记录触发器输出端 Q 和 $\overline{Q}$ 的状态。

(3) 按 A 键使 CP 输入高电平，通过按 B 键和 C 键改变 S 和 R 输入端的状态，分别输入 00、01、10、11 四种状态，观察输出 Q 和 $\overline{Q}$ 的变化，并记录下来。

实验结果如表 7-6 所示。

表 7-6　同步 RS 触发器的功能表

CP	S	R	Q^n	Q^{n+1}	功　能
0	×	×	0 1	0 1	保持
1	0	0	0 1	0 1	保持
1	0	1	0 1	0 0	置 0
1	1	0	0 1	1 1	置 1
1	1	1	0 1	不确定	不允许

由表 7-6 可见：当 CP = 0 时，Q 的状态保持不变；当 CP = 1 时，Q 的状态按 RS 触发器的规律变化，触发信号高电平有效。

3) 边沿 JK 触发器

74LS112 集成芯片包含两个完全独立的边沿 JK 触发器。

(1) 实验电路：按图 7-24 连接 JK 触发器实验电路。

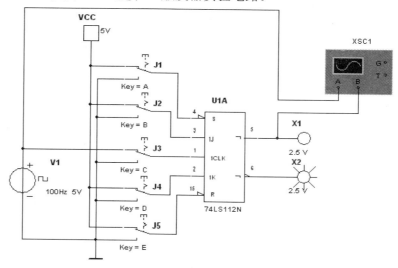

图 7-24　JK 触发器实验电路

(2) 分别按 A、B、C、D、E 键改变 S、J、CLK、K、R 的状态，观察输出端 Q 的变化，探测器亮表示输出高电平。将结果记录在表 7-7 中。

当 R = S = 1，J = K = 1 时，输入时钟信号和输出信号如图 7-25 所示。为了观察方便，将时钟信号上移了 0.2 格，输出信号下移了 1.6 格。从示波器显示的波形可以看到，在时钟信号的下降沿，输出信号发生翻转。

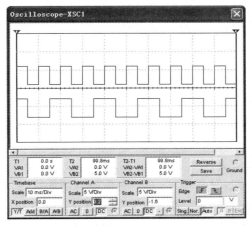

图 7-25　J=K=1 时 JK 触发器输出信号

由表 7-7 可见：直接置位端 S 和直接复位端 R 不受时钟 CLK 和输入信号 J、K 的控制，低电平有效。74LS112 是下降沿触发的电路，具有保持、置 0、置 1 和翻转功能。

表 7-7　边沿 JK 触发器功能表

CLK	R	S	J	K	Q^n	Q^{n+1}	功　能
×	0	0	×	×	×	不确定	不允许
×	0	1	×	×	×	0	直接复位
×	1	0	×	×	×	1	直接置位
↓	1	1	0	0	0	0	保持
↓	1	1	0	0	1	1	保持
↓	1	1	0	1	×	0	置 0
↓	1	1	1	0	×	1	置 1
↓	1	1	1	1	0	1	翻转
↓	1	1	1	1	1	0	翻转

4) 边沿 D 触发器

74LS74 集成芯片包含两个完全独立的边沿 D 触发器。

(1) 实验电路：按图 7-26 连接 D 触发器实验电路。

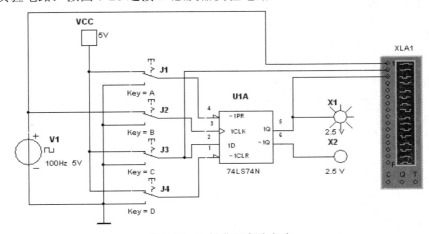

图 7-26　D 触发器实验电路

(2) 分别按 A、B、C、D 键改变 ～PR、CLK、D、～CLR 的状态，观察输出端 Q 的变化，探测器亮表示输出高电平。将结果记录在表 7-8 中。

表 7-8　边沿 D 触发器功能表

CLK	～CLR	～PR	D	Q^n	Q^{n+1}	功　能
×	0	0	×	×	不确定	不允许
×	0	1	×	×	0	直接复位
×	1	0	×	×	1	直接置位
↑	1	1	0	×	0	$Q^{n+1}=D$
↑	1	1	1	×	1	$Q^{n+1}=D$

当 ～PR = ～CLR = 1 时，不断按 C 键切换 D 输入端的状态，用逻辑分析仪可同时观察到时钟信号、D 信号和 Q 端输出信号的时序波形，如图 7-27 所示。

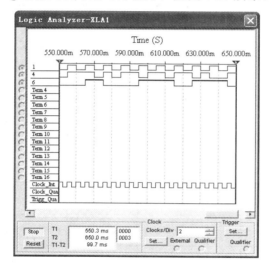

图 7-27　D 触发器的时序波形

观察逻辑分析仪显示的时序波形可以看到，在时钟信号的上升沿，输出信号随着输入 D 信号的变化而变化。

由表 7-8 可见：直接置位端～PR 和直接复位端～CLR 不受时钟 CLK 和 D 输入信号的控制，低电平有效。74LS47 是上升沿触发的电路。

4．思考题

(1) 如何将 JK 触发器转换为 T 触发器?

(2) 如何将 D 触发器转换为 T 触发器?

7.8　移位寄存器仿真实验

1．实验要求与目的

(1) 设计一个用 D 触发器构成的四位移位寄存器。

(2) 掌握集成移位寄存器的测试和应用方法。

2．实验原理

n 位触发器可构成 n 位寄存器，用来寄存 n 位二进制代码。移位寄存器除了具有存储代码的功能外，还具有移位的功能，即寄存器中所存代码能够在移位脉冲的作用下，依次左移或右移。

集成芯片 74LS194 可以完成串行输入左移/右移、并行输入左移/右移、保持、异步复位等功能。

74LS194 引脚功能如下：

➢ SL：左移数据输入端；

➢ SR：右移数据输入端；

➢ S1、S0：方式控制端；

➢ ~CLR：异步复位端；

➢ DCBA：并行置数数据输入端。

3．实验电路

由 D 触发器构成的移位寄存器实验电路如图 7-28 所示。集成移位寄存器 74LS194 实验电路如图 7-29 所示。

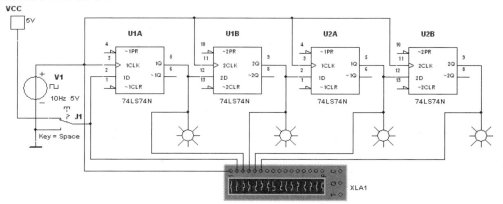

图 7-28　由 D 触发器构成的移位寄存器

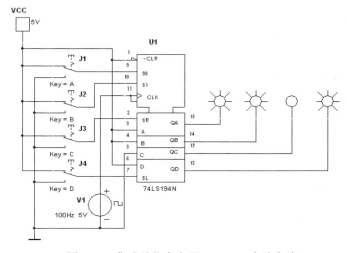

图 7-29　集成移位寄存器 74LS194 实验电路

4．实验步骤

(1) 按图 7-28 连接电路。低位触发器的输出接高位触发器的输入，串行数据输入端 D 通过单刀双掷开关接高电平或低电平(数据 1 或 0)，时钟信号 CLK 接脉冲信号。

(2) 按 Space(空格)键，改变数据输入，观察逻辑探测器的亮灭。同时打开逻辑测试仪观察时序波形。当输入数据 1 时，可观察到先是低位探测器 1 个亮，然后是 2 个亮，接下来是 3 个亮，然后是 4 个亮。如果不改变输入，则一直是 4 个亮。若按 Space 键使 D 端输入 0，则输出会一个一个地灭。

由时序测试仪测得的时序波形如图 7-30 所示。

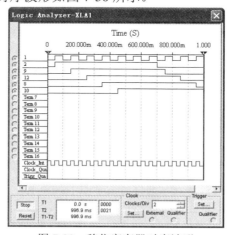

图 7-30　移位寄存器时序波形

(3) 按图 7-29 连接电路。时钟信号 CLK 由脉冲信号源提供。S0、S1、SR、SL 分别由 A、B、C、D 键控制接高电平或低电平，并行输入 DCBA=1011，输出端接逻辑探测器。

(4) 打开仿真开关，单击 A 和 B，使 S1S0 =11，观察移位寄存器的输出变化。

(5) 按 A 键和 B 键，使 S1S0 = 01。按 C 键，不断改变右移输入数据，观察数据右移串行输出。

(6) 按 A 键和 B 键，使 S1S0 = 10。按 D 键，不断改变左移输入数据，观察数据左移串行输出。

(7) 按 A 键和 B 键，使 S1S0 = 00，观察移位寄存器的输出变化。

5．实验结论

当 74LS194 的控制端 S1S0 = 00 时，触发器保持输出状态；当 S1S0 = 01 时，数据从 SR 端输入，右移串行输出；当 S1S0 = 10 时，数据从 SL 端输入，左移串行输出；当 S1S0 = 11 时，将 DCBA 输入端的数据并行输出到 $Q_DQ_CQ_BQ_A$。

7.9　计数器仿真实验

1．实验要求与目的

(1) 分析集成计数器 74LS160 和 74LS191 的逻辑功能。

(2) 掌握集成计数器的逻辑功能和各控制端的作用。

2．实验原理

在数字电路中，能计算输入脉冲个数的电路称为计数器。计数器的基本功能是统计时钟脉冲的个数，即实现计数操作，也可用于分频、定时、产生节拍脉冲等。根据计数脉冲引入的不同，可将计数器分为同步计数器和异步计数器；根据计数过程中数值的增减情况，可将计数器分为加法计数器、减法计数器和可逆计数器；根据计数器中计数长度的不同，可将计数器分为二进制计数器、十进制计数器和 N 进制计数器。

74LS160 是常见的集成同步十进制加法计数器，其功能表如表 7-9 所示。

表 7-9　74LS160 功能表

CLK	~CLR	~LOAD	ENT	ENP	工作状态
×	0	×	×	×	清零
↑	1	0	×	×	预置数
×	1	1	0	×	保持
×	1	1	×	0	保持
↑	1	1	1	1	加计数

74LS191 是常见的集成二进制加/减同步计数器，其功能表如表 7-10 所示。

表 7-10　74LS191 功能表

CLK	~LOAD	~CTEN	~U/D	工作状态
↑	1	0	1	减计数
↑	1	0	0	加计数
×	0	×	×	预置数
×	1	1	×	保持

3．实验电路

74LS160 集成同步十进制加法计数器实验电路如图 7-31 所示。74LS191 二进制加/减同步计数器实验电路如图 7-32 所示。

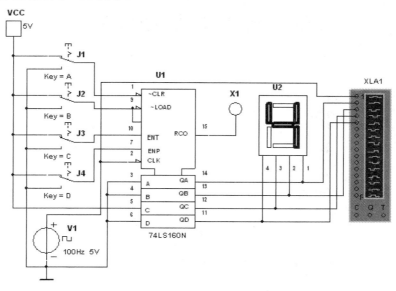

图 7-31　74LS160 集成同步十进制加法计数器实验电路

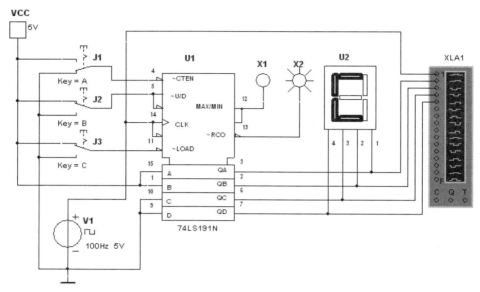

图 7-32   74LS191 二进制加/减同步计数器实验电路

4．实验步骤

1) 由 74LS160 构成的十进制加法同步计数器仿真实验步骤

(1) 按图 7-31 所示连接电路。

(2) 按 A、B、C、D 键切换～CLR、～LOAD、ENT、ENP 接高电平或低电平，打开仿真开关，观察数码管显示的输出信号，验证各控制端的功能。

(3) 按相应的键使～CLR、～LOAD、ENT、ENP 都接高电平，打开仿真开关，观察数码管显示数字的变化规律，并打开逻辑分析仪观察各时序波形。通过观察逻辑探测器 X1 的亮灭，可发现当该计数器计到 9 时，探测器 X1 亮，这表明进位输出端有进位输出且高电平有效。图 7-33 所示是逻辑分析仪测得的时序波形。

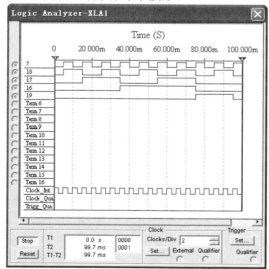

图 7-33   用逻辑分析仪测得的时序波形(74LS160)

2) 由 74LS191 构成的二进制加/减同步计数器仿真实验步骤

(1) 按图 7-32 所示连接电路。

(2) 按 A、B、C 键切换 ～CTEN、～U/D、～LOAD 的高低电平，同时观察数码管显示的输出信号，验证各控制端的功能。

(3) 在计数状态时，观察探测器 X1 和 X2，发现当该计数器计到 F 时，探测器 X2 灭，表明进位(借位)输出端有进位(借位)输出且低电平有效；当该计数器从 F 计到 0 时，探测器 X1 亮，表明计数发生最大与最小转换且高电平有效。

(4) 逻辑分析仪在递减计数状态时观察到的时序波形如图 7-34 所示。

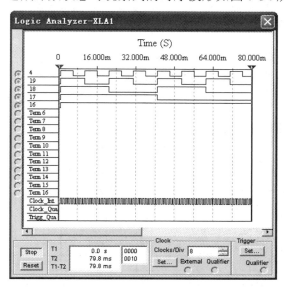

图 7-34　用逻辑分析仪测得的时序波形(74LS191)

5. 思考题

验证其他计数器如 74LS90、74LS161、74LS175 等的逻辑功能。

7.10　任意 N 进制计数器仿真实验

1. 实验要求与目的

(1) 用集成同步十进制计数器 74LS160 构成八进制的计数器。

(2) 灵活掌握构成任意 N 进制计数器的三种方法。

2. 实验原理

集成计数器产品绝大多数是二进制、十进制计数器，其他进制的产品数量较少。经常将现有的二进制、十进制集成计数器采用一定的方法构成其他进制的计数器，常用的方法有三种。

(1) 清零复位法。该方法适用于构成 N(N<M，M 是集成计数器的模)进制的计数器。原理是当计数器从零状态开始计数，计数到某个状态(根据设计需要具体确定)时，将该状态

译码产生置零信号送到计数器的清零端，使计数器重新从零开始计数。这样可以跳过若干个状态，实现 N 进制计数。

(2) 预置数法。该方法同样只能构成 N(N<M，M 是集成计数器的模)进制的计数器。其原理是当计数器计数到某个状态时，将该状态译码产生置数信号送到计数器的置数端，使计数器跳过若干个状态，实现 N 进制计数。

(3) 级联法。该方法将两个或两个以上的计数器按一定的方法级联，构成一个新的计数器。该计数器的模为两个计数器模的乘积。通常的级联方法有两种，一种是将低位片的进位输出端连接到高位片的使能端，另一种是将低位片的进位输出端连接到高位片的时钟端。

3. 实验电路

用清零复位法构成的八进制计数器如图 7-35 所示，用预置数法构成的八进制计数器如图 7-36 所示，用级联法构成的六十进制计数器如图 7-37 所示。

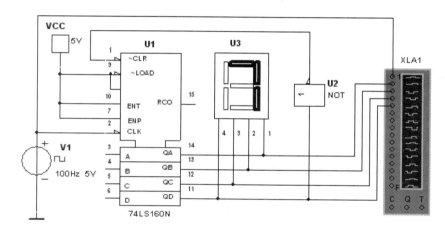

图 7-35　用清零复位法构成的八进制计数器

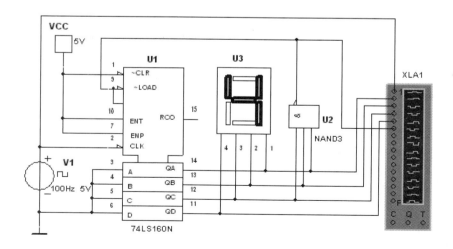

图 7-36　用预置数法构成的八进制计数器

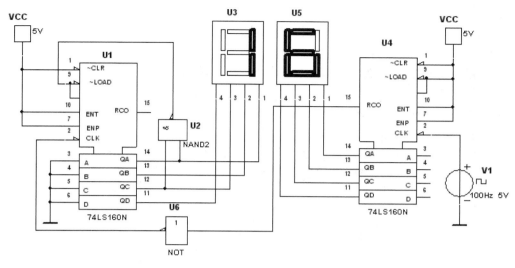

图 7-37 用级联法构成的六十进制计数器

4. 实验步骤

1) 用清零复位法构成的八进制计数器仿真实验步骤

(1) 按图 7-35 所示连接电路，采用清零复位法构成八进制计数器。

(2) 分析电路可知，当计数到"8"，即 $Q_D Q_C Q_B Q_A = 1000$ 时，通过非门使 74LS160 的清零端 $\sim$CLR 为零，74LS160 被异步复位，强行从"8"状态返回到"0"状态并重新开始计数，从而构成八进制计数器。

(3) 打开仿真开关，观察输出端数码管的变化，并打开逻辑分析仪观察各时序波形。由逻辑分析仪观察到的时序波形如图 7-38 所示，同时数码管循环显示 0～7。

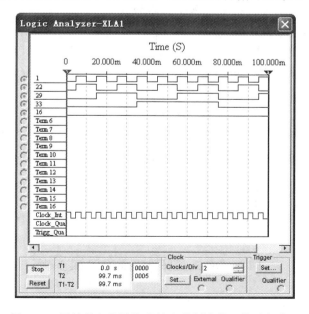

图 7-38 用清零复位法构成的八进制计数器的时序波形

2) 用预置数法构成的八进制计数器仿真实验步骤

(1) 按图 7-36 所示连接电路，采用预置数法构成八进制计数器。

(2) 分析电路可知，当计数到 "7"，即 $Q_D Q_C Q_B Q_A = 0111$ 时，通过与非门使 74LS160 的同步预置数端 ~LOAD 为 0，74LS160 在下一个脉冲的上升沿到来时被同步置数。由于输入端输入 DCBA = 0000，因此输出端 $Q_D Q_C Q_B Q_A = 0000$，输出从 "7" 状态返回到 "0" 状态并重新开始计数，从而构成八进制计数器。

(3) 打开仿真开关，观察输出端数码管的变化，并打开逻辑分析仪观察各时序波形。由逻辑分析仪观察到的时序波形如图 7-39 所示，同时数码管循环显示 0～7。

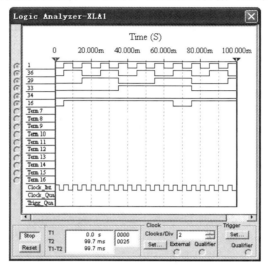

图 7-39　用预置数法构成的八进制计数器的时序波形

3) 用级联法构成的六十进制计数器仿真实验步骤

(1) 按图 7-37 连接电路。U1 是采用预置数的方法构成的六进制计数器，U4 是十进制计数器，将 U4 的进位输出通过一个非门连接到 U1 的时钟端实现计数器的级联。

(2) 打开仿真开关，观察数码管的变化，可以看到数码管显示的数字从 00 计数到 59，然后再回到 00 开始计数，实现了六十进制计数。

5. 思考题

(1) 如何利用级联法将两个二进制加法计数器 74LS161 构成一个模 256 的计数器？

(2) 如何利用最高位与下级时钟相连，将两个二进制加法计数器 74LS161 构成一个模 100 的计数器？

(3) 如何利用清零复位法将二进制计数器 74LS161 构成一个模 5 的计数器？

(4) 如何利用预置数法将二进制加法计数器 74LS161 构成一个模 5 的计数器？

7.11　555 应用电路仿真实验

1. 实验要求与目的

(1) 用 555 定时器设计一个多谐振荡器，观察输出信号波形。

(2) 用 555 定时器设计一个单稳态触发器,观察在输入脉冲的作用下电路状态的变化。

(3) 用 555 定时器设计一个施密特触发器,观察电路的输入、输出波形,并分析其电压传输特性。

(4) 掌握由 555 定时器构成的各种应用电路。

2．实验原理

以 555 定时器为核心的各种应用电路具有结构简单、性能可靠、外接元件少等优点。典型的应用电路有多谐振荡器、单稳态触发器、施密特触发器等。

555 定时器的引脚如图 7-40 所示,555 定时器的功能如表 7-11 所示。

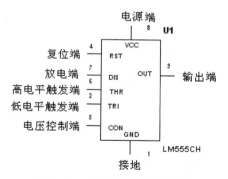

图 7-40　555 定时器的引脚图

表 7-11　555 定时器的功能表

THR	TRI	RST	OUT	DIS	放电管 T
×	×	低电平(0)	低电平(0)	高电平(1)	导通
$>\dfrac{2}{3}$VCC	$>\dfrac{1}{3}$VCC	高电平(1)	低电平(0)	高电平(1)	导通
$<\dfrac{2}{3}$VCC	$>\dfrac{1}{3}$VCC	高电平(1)	原状态	原状态	不变
×	$<\dfrac{1}{3}$VCC	高电平(1)	高电平(1)	低电平(0)	截止

3．实验电路

由 555 定时器构成的多谐振荡器电路如图 7-41 所示,构成的单稳态触发器电路如图 7-42 所示,构成的施密特触发器电路如图 7-43 所示。

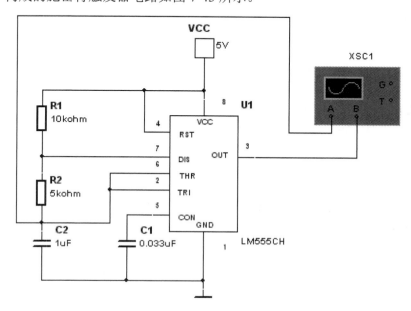

图 7-41　由定时器构成的多谐振荡器

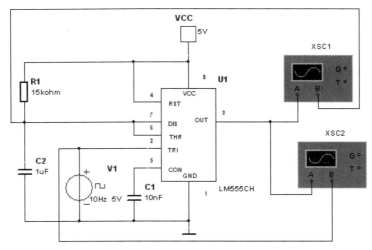

图 7-42   由定时器构成的单稳态触发器

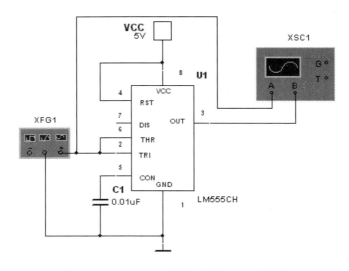

图 7-43   由 555 定时器构成的施密特触发器

4．实验步骤

1) 多谐振荡器实验步骤

(1) 按图 7-41 所示连接电路。

(2) 打开仿真开关，利用示波器观察电容 C_2 的充、放电波形和 555 定时器输出端的信号。打开示波器，观察到的信号波形如图 7-44 所示。

移动数轴，读取数据，可以测得输出信号周期为 13.8 ms，理论公式计算为

$$T = 0.7(R_1 + 2R_2)C_2 = 0.7(10 + 2 \times 5) \times 10^3 \times 1 \times 10^{-6} = 14 \times 10^{-3} = 14 \text{ ms}$$

计算结果和测量结果基本一致。

(3) 改变 R_1 的大小，观察波形的变化。

(4) 改变 R_2 的大小，观察波形的变化。

(5) 改变 C_2 的大小，观察波形的变化。

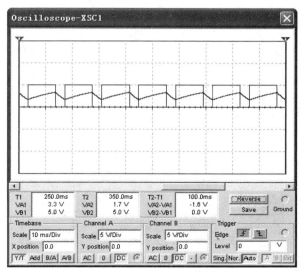

图 7-44　多谐振荡器仿真波形

2) 单稳态触发器实验步骤

(1) 按图 7-42 所示连接电路。输入信号采用脉冲信号，频率设置为 10 Hz，占空比设置为 90%。

(2) 打开仿真开关，利用示波器观察输入、输出和电容上的信号波形。由于一台示波器只能同时观察两路信号波形，因此为了同时观察输入、输出和电容上的波形，这里调用了两台示波器。由示波器 XSC2 观察到的波形如图 7-46 所示，可以看到，当输入负脉冲时，输出信号由低电平翻转成高电平。同时打开示波器 XSC1，观察到的波形如图 7-45 所示，当输出信号翻转为高电平时，电容 C_2 开始充电，当充到(2/3)VCC 时，输出由高电平翻转为低电平，直到下一次输入负脉冲时为止。所以，电路的高电平状态是暂态，维持的时间由电容的充电时间决定；低电平状态是稳态，如果没有输入负脉冲触发，则会一直持续下去。

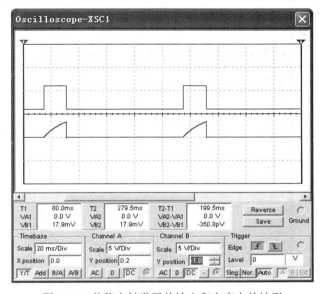

图 7-45　单稳态触发器的输出和电容上的波形

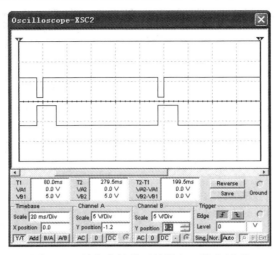

图 7-46   单稳态触发器的输入、输出波形

移动数轴，读取暂态维持的时间为 16 ms，理论公式计算为

$$T_W = 1.1RC = 1.1 \times 15 \times 10^3 \times 1 \times 10^{-6} = 15.2 \text{ ms}$$

计算结果与测量结果基本一致。

(3) 改变 R_1 的大小，观察各波形的变化。

(4) 改变 C_2 的大小，观察各波形的变化。

3) **施密特触发器实验步骤**

(1) 按图 7-43 所示连接电路。

(2) 将由函数信号发生器产生的三角波信号作为输入信号送至 555 定时器的输入端 THR 和 TRI，并设置三角波的频率为 1 Hz，幅度为 10 V。

(3) 双击示波器图标，打开仿真开关，观察输入、输出信号波形，如图 7-47 所示。移动数轴，读取相应的数据，得出：当输入电压增加到(2/3)VCC，即(2/3)× 5≈3.3 V 时，输出波形从高电平翻转为低电平；当输入电压减小到(1/3)VCC，即(1/3)× 5≈1.67 V 时，输出波形从低电平翻转为高电平。

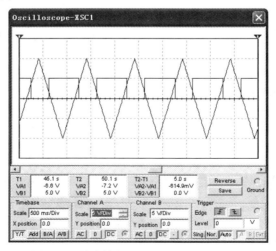

图 7-47   施密特触发器的输入、输出波形

5．思考题

(1) 如何利用 555 定时器构建一个脉宽可调的多谐振荡器?

(2) 如何利用 555 定时器构建一个压控分频电路?

(3) 如何利用 555 定时器构建一个整形电路?

7.12　DAC 电路仿真实验

1．实验要求与目的

(1) 构建 DAC 仿真实验电路，了解 DAC 的作用。

(2) 掌握 DAC 的基本工作原理。

(3) 熟悉 DAC 集成电路的使用方法。

2．实验原理

DAC 是将数字信号转换为模拟信号的电路。集成 DAC 转换电路很多，其中 DAC0832 是一种常用的 8 位 DAC 转换电路。

DAC 电路输入的数字信号是一种二进制编码，通过转换，按每位权的大小换算成相应的模拟量，然后将代表各位的模拟量相加，所得的和就是与输入的数字量成正比的模拟量。

3．实验电路

DAC 仿真电路如图 7-48 所示，其中 U1 和 U4 构成六十进制计数器，V_1 为该计数器的时钟信号源，U3 和 U5 是本身带译码的数码显示器。将计数器的输出接到 VDAC 的 8 位数字信号输入端，同时在 VDAC 的 "+" 端接参考电压 VCC = 5 V，" −" 端接地，则输出电压 V_o = (VCC×D)/256，其中 D 表示输入的二进制数对应的十进制数。

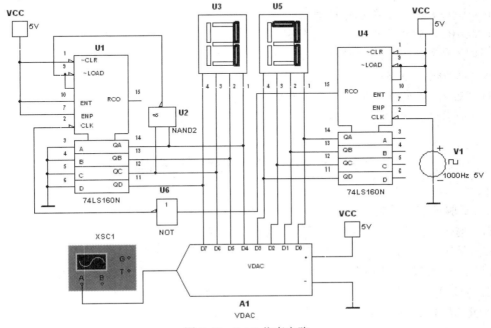

图 7-48　DAC 仿真电路

4．实验步骤

(1) 按图 7-48 连接电路。

(2) 打开仿真开关，数码管显示的数字从 0 开始递增到 59，然后回到 0 循环输出，同时打开示波器观察输出信号，如图 7-49 所示。观察数码管 U3、U5 显示的 VDAC 输入数字信号与 VDAC 输出模拟信号之间的关系，发现输出模拟信号的幅度与数码管 U3、U5 显示的数的大小成正比，验证了 VDAC 的输出电压的大小与理论计算值一致。

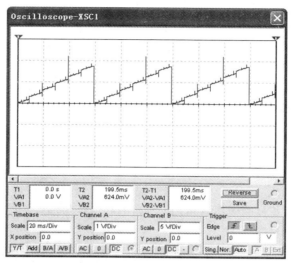

图 7-49   DAC 电路仿真结果

(3) 分别调制参考电压 VCC 为 6 V、10 V 和 12 V，利用示波器观察 VDAC 的输出模拟信号的变化规律。

(4) 调整 8 位二进制加法计数器时钟信号源 V_1 的频率，发现数码管显示速度发生了变化，但 VDAC 的输出模拟信号形状不变。调整 8 位二进制加法计数器时钟信号源 V_1 的幅度，观察数码管的显示速度和 VDAC 输出模拟信号的变化情况。

5．思考题

(1) 怎样克服输出模拟信号中的毛刺干扰？

(2) 用 IDAC 器件建立的 DAC 仿真电路与上述 DAC 仿真电路有何区别？

7.13   ADC 电路仿真实验

1．实验要求与目的

(1) 构建 ADC 仿真实验电路，了解 ADC 的作用。

(2) 掌握 ADC 的基本工作原理。

(3) 熟悉 ADC 集成电路的使用方法。

2．实验原理

ADC 是将模拟信号转换成数字信号的电路。集成 ADC 转换电路很多，其中 ADC0809

是一种常用的 ADC 集成电路。

实现信号的模数转换需要经过采样、保持、量化、编码 4 个过程。先将时间上连续变化的模拟信号按一定的频率进行采样，得到时间上断续的信号，将采样得到的值保持到下一个脉冲信号到来时，然后将采样保持后的信号经过量化，得到时间、幅度上都离散的信号，最后经过数字编码电路将量化后的数值用二进制代码表示出来(编码)。

3．实验电路

图 7-50 所示为 ADC 仿真电路，电路说明如下。

(1) 该电路采用总线方式进行连接。

(2) V_2 为 ADC 电路的时钟信号，控制转换速度。V_1 为 ADC 电路的参考电压，其值与输入模拟信号的最大值大约相等。利用函数信号发生器可产生各种类型的输入模拟信号。

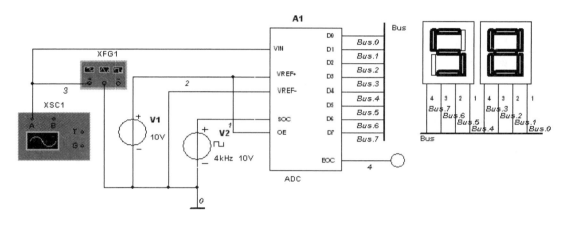

图 7-50　ADC 仿真电路

4．实验步骤

(1) 按图 7-50 所示连接电路。

(2) 设置函数信号发生器产生频率为 100 Hz，幅度为 5 V，偏移量为 5 V 的正弦信号，并将其送入 ADC 转换器的输入端。输入的模拟信号如图 7-51 所示。

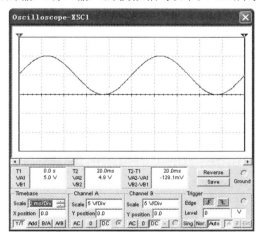

图 7-51　输入的模拟信号

(3) 打开示波器的同时观察数码管显示数字的变化。可以看到，一开始数码管显示的数字是"80"，随着模拟信号的增大，数码管显示的数字也增大。当模拟信号增大到最大值10 V 时，数码管显示的是"FF"。然后随着模拟信号的减小，数码管显示的数字也减小。当模拟信号减小到 0 V 时，数码管显示的是"00"。由此可见，ADC 电路将模拟信号转换成了与之对应的数字信号。

5．思考题

V_2 在电路中的作用是什么？改变 V_2 的频率并观察电路的工作情况。

第 8 章　高频电子技术 Multisim 仿真实验

8.1　单调谐和双调谐回路仿真实验

1．实验要求与目的

(1) 测量 LC 并联电路的幅频特性和相频特性。

(2) 研究电路谐振频率与电路频率特性及 Q 值的关系。

(3) 研究双调谐回路的频率特性，改变耦合系数，观察频率特性的变化。

2．实验原理

(1) 在高频电子线路中，小信号放大器和功率放大器均以并联谐振电路作为晶体管的负载，放大后的输出电压从回路两端取出。因此研究并联回路的频率特性具有重要的实际意义。

(2) 并联谐振电路具有选频作用。

(3) 谐振电路的谐振频率 $f_0 = 1/2\pi\sqrt{LC}$ 。

(4) 电路的品质因数 $Q = R/\sqrt{L/C}$ ， Q 反映了 LC 回路的选择性： Q 值越大，幅频特性曲线越尖锐，通频带越窄，选择性越好。

3．实验电路

图 8-1 所示电路为单调谐 LC 谐振电路，图 8-2 所示电路为通过电容耦合的双调谐 LC 谐振电路。

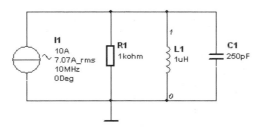

图 8-1　单调谐 LC 谐振电路

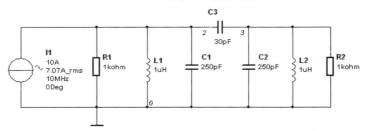

图 8-2　双调谐 LC 谐振电路

4．实验步骤

1）单调谐 *LC* 谐振电路分析

(1) 按图 8-1 所示连接电路并设置各元件参数。

(2) 测试频率特性。启动分析菜单中的 **AC Analysis…**命令，在弹出的交流分析对话框中按图 8-3 所示进行设置。选择节点 1 为分析节点，运行仿真，得到图 8-4 所示的幅频特性曲线和相频特性曲线。

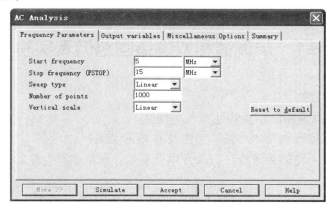

图 8-3　交流分析对话框设置

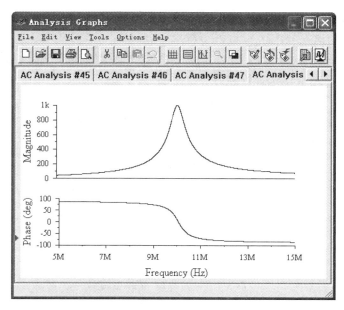

图 8-4　单调谐回路的频率特性

由图 8-4 所示的幅频特性曲线和相频特性曲线均可读出谐振频率约为 10 MHz，与理论计算值相符。谐振时，输出电压幅值最大，且与电流源的相位差为 0。由幅频特性曲线还可测得通频带约为 700 kHz。

(3) 观察电感和电容取值变化对频率特性的影响。

采用参数扫描方法同时观察电感 L_1 分别为 0.5 μH、1 μH、1.5 μH 时的频率特性。

采用参数扫描方法同时观察电容 C_1 分别为 150 pF、250 pF、350 pF 时的频率特性。

启动分析菜单中的 Parameter Sweep...命令，在弹出的参数设置对话框中进行相应的设置。进行仿真后得到如图 8-5 所示的 L 取不同值时的频率特性曲线和如图 8-6 所示的 C 取不同值时的频率特性曲线。

分析图 8-5 和图 8-6 可知，改变电感 L 和电容 C 的值会使频率特性曲线发生改变：电感 L 增大，谐振频率减小，通频带和曲线尖锐程度变化不大；电容 C 增大，谐振频率减小，通频带变窄，曲线更尖锐。当改变电感 L 和电容 C 时，回路两端谐振电压不变。

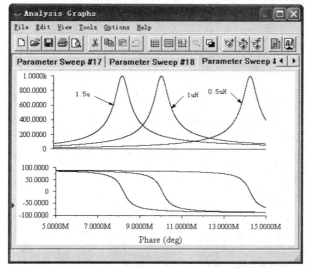

图 8-5　单调谐回路 L 取不同值的频率特性曲线

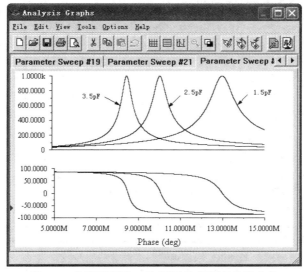

图 8-6　单调谐回路 C 取不同值的频率特性曲线

(4) 观察负载电阻变化对频率特性的影响。

电阻值分别取 0.5 kHz、1 kHz、1.5 kHz，进行参数扫描分析，得到如图 8-7 所示的频率特性曲线。

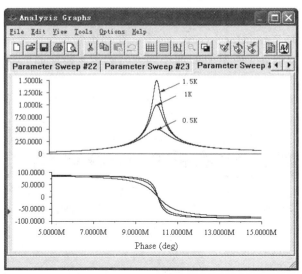

图 8-7 负载取不同值时的频率特性曲线

由图 8-7 所示曲线可知，负载的改变会使频率曲线发生改变：当阻值增大时，谐振电压增大，曲线变得尖锐，通频带变窄，但回路谐振频率不变。

2）双调谐 LC 谐振电路分析

(1) 按图 8-2 所示连接双调谐电路，电路采用电容耦合，耦合系数 $K = C_3/C$，其中 $C = C_1 + C_3 = C_2 + C_3$。用交流分析法对节点 3 进行分析，得到电路的频率特性曲线如图 8-8 所示。

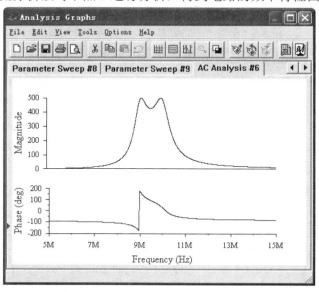

图 8-8 双调谐回路的频率特性曲线

(2) 观察耦合电容取值变化对频率特性的影响。

采用参数扫描方法同时观察耦合电容 C_3 分别为 150 pF、250 pF、350 pF 时的频率特性。

启动分析菜单中的 Parameter Sweep...命令，在弹出的参数设置对话框中进行相应的设置。进行仿真后得到如图 8-9 所示的 C_3 取不同值时的频率特性曲线。

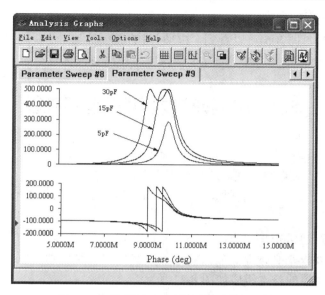

图 8-9　不同耦合电容时的频率特性曲线

分析图 8-9 可以知道：当耦合电容比较小时，即电路处于弱耦合状态时，输出电压幅值较小，曲线形状较窄且呈现单峰；当耦合电容太大时，即电路处于强耦合状态时，输出电压幅值较大，曲线形状较宽且呈现双峰，但曲线顶部出现凹陷，所选频段幅度不均；只有当耦合电容处于临界耦合状态时，输出电压幅度达最大，曲线形状较宽且呈现单峰。图中 $C_3 = 15$ pF 时，电路处于临界耦合状态。通常耦合电容的取值略超过临界耦合状态，即使得曲线顶部出现凹陷不深的双峰，这样可以得到较宽的频带，并且频带内较平坦。图 8-10 所示为 $C_3 = 20$ pF 时电路的频率特性曲线。和图 8-4 所示单调谐频率特性曲线相比较，双调谐回路的通频带更宽，更接近于理想矩形的幅频特性。

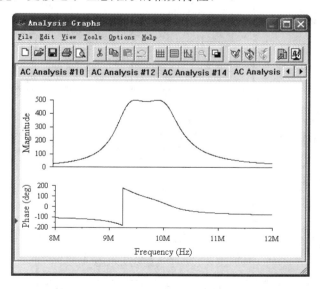

图 8-10　$C_3 = 20$ pF 时的频率特性曲线

5．思考题

(1) 由仿真结果(见图 8-5)可以看到，LC 回路的通频带基本不受电感影响，为什么？

(2) 双调谐 LC 谐振电路与单调谐 LC 谐振电路相比有何优点？

8.2　单调谐放大电路仿真实验

1．实验要求与目的

(1) 构建单调谐放大电路，掌握选频放大电路的结构。

(2) 研究单调谐放大电路的特性，掌握单调谐放大电路的工作原理。

2．实验原理

单调谐放大电路通常用来放大高频小信号，如超外差式接收机的高放和中放电路，因此对其功能的基本要求是必须兼有放大和选频双重作用，这分别由放大电路和选频网络两部分实现。调谐放大器的基本组成如图 8-11 所示。

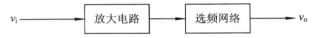

图 8-11　调谐放大器的基本组成

根据频率要求的不同，通常选用 RC 或 LC 回路作为选频网络。在上一个实验中，已经验证了 LC 谐振回路具有选频作用，输出的最高电压应该出现在该电路的谐振点上。

3．实验电路

单调谐放大电路如图 8-12 所示。

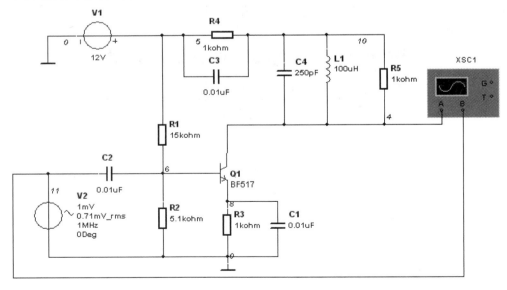

图 8-12　单调谐放大电路

图中 R_4、C_3 是电源去耦电路，L_1、C_4、R_5(负载)组成 LC 谐振电路并接于晶体管的集电极。R_1、R_2 为三极管基极偏置电阻，R_3 为发射极电阻，C_1 为射极旁路电容。

4．实验步骤

1) 研究电路的放大特性

设置输入信号的频率为 1 MHz，双击示波器图标，打开仿真开关，可以观察到电路的输入、输出信号波形，如图 8-13 所示。观察图 8-13 可以看到，输出信号与输入信号基本上是反相的，同时电路的放大倍数约为 50，这说明电路工作在谐振放大状态。

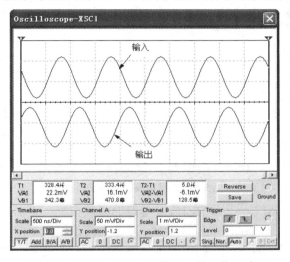

图 8-13　频率为 1 MHz 时输入、输出信号波形

设置输入信号的频率为 1 kHz，再观察输入、输出信号波形，可以看到此时的输出信号很小，电路工作于失谐状态。

设置输入信号的频率为 10 MHz，再次观察输入、输出信号波形，可以看到此时的输出信号也很小，电路同样工作于失谐状态。

由此可见，只有当电路工作于谐振状态时，电路对信号才有放大作用，即电路具有选频放大的能力。

2) 研究电路的频率特性

采用交流分析的方法得到电路的频率特性曲线。启动分析菜单中的的 AC Analysis…命令，在弹出的参数设置对话框中按图 8-14 所示进行设置，选择节点 4 进行分析，点击 Simulate 按钮，得到如图 8-15 所示的频率曲线。

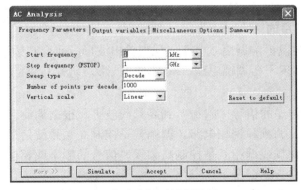

图 8-14　交流分析对话框设置

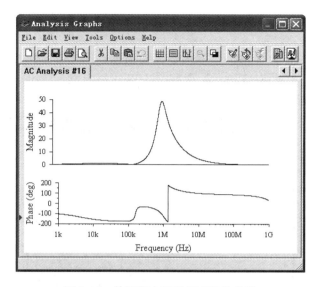

图 8-15　单调谐电路的频率特性曲线

　　观察图 8-15 所示曲线,上面的曲线是电路的幅频曲线,下面的曲线是电路的相频曲线。从幅频曲线可以看到,在频率为 1 MHz 时,电路的输出是最大的,输出约为输入的 50 倍;同时从相频曲线可以看到,此时输出与输入的相位差基本上为 180°,即输出与输入反相。

5. 结论

　　理论计算电路的谐振频率为

$$f_0 = \frac{1}{2\pi\sqrt{LC}} = \frac{1}{2\times 3.14\sqrt{250\times 10^{-12}\times 100\times 10^{-6}}} \approx 1\times 10^6 \ \text{Hz} = 1 \ \text{MHz}$$

即电路的仿真结果与理论分析结果吻合。

8.3　相乘器调幅电路仿真实验

1. 实验要求与目的

(1) 用相乘器实现正常调幅波电路,观察输出波形,研究其频谱分布。

(2) 用相乘器实现平衡调幅电路,观察输出波形,研究其频谱分布。

2. 实验原理

　　调制就是将所传递的信号"附加"到高频载波上。根据调制时被控制的高频参数的不同,可以分为调幅、调频和调相电路。调幅就是控制高频载波信号的振幅随着低频调制信号的变化而变化;调频或调相就是控制高频载波信号的频率或相位随着低频调制信号的变化而变化。

　　正常调幅波的表达式为

$$v(t) = [V_0 + V_\Omega \cos(\Omega t + \Phi)]\cos(\omega_0 t + \varphi_0) = V_0(1 + m_a \cos\Omega t)\cos\omega_0 t$$

为简单起见，设初相为 0°。

利用三角函数变换，可得到：

$$v(t) = V_0 \cos\omega_0 t + \frac{1}{2}m_a V_0 \cos[(\omega_0 + \Omega)t] + \frac{1}{2}m_a V_0 \cos[(\omega_0 - \Omega)t]$$

其中，$m_a = V_\Omega / V_0$ 为调制指数。

平衡调幅波为抑制了载波频率成分的调幅波，它的表达式为

$$v(t) = m_a V_0 \cos\Omega t \cos\omega_0 t$$

利用三角函数变换，可得到：

$$v(t) = \frac{1}{2}m_a V_0 \cos[(\omega_0 + \Omega)t] + \frac{1}{2}m_a V_0 \cos[(\omega_0 - \Omega)t]$$

利用相乘器可以实现幅度调制。

3．实验电路

图 8-16 所示电路是用相乘器实现正常调幅的实验电路，电路输出：

$$v_0 = KXY = KV_1(V_2 + V_3)$$

其中，V_1 是一个频率为 20 kHz，幅度为 1 V，初相为 0°的高频载波信号；V_2 是一个频率为 1 kHz，幅度为 1 V，初相为 0°的低频调制信号；V_3 为 2 V 的直流电源。改变 V_3 的大小，可以改变调制指数。

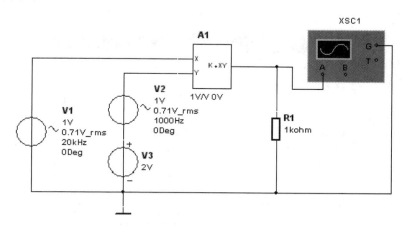

图 8-16　相乘器正常调幅实验电路

4．实验步骤

1) 用相乘器实现正常调幅实验步骤

(1) 按图 8-16 所示连接电路，设置各信号参数。电路的调幅指数等于 V_2 的振幅与 V_3 的比值，此时设置的调幅指数 $m_a = 1/2 = 0.5$。

(2) 打开示波器及仿真开关，观察输出波形，如图 8-17 所示。由图 8-17 可以看出，高频载波信号的振幅随着调制信号的变化而变化，高频载波信号振幅的包络变化与低频调制信号是一致的。

将 V_2 设置为 1 V，此时的调幅指数 $m_a = 1/1 = 1$，观察到的输出波形如图 8-18 所示。这时电路处于临界调制状态。

将 V_2 设置为 0.5 V，此时的调幅指数 $m_a = 1/0.5 = 2$，观察到的输出波形如图 8-19 所示。观察图 8-19 所示波形，这时的输出信号振幅包络的变化已不能反映调制信号的变化，这种状态称为过调制。在实际调制电路中，过调制是不允许的。

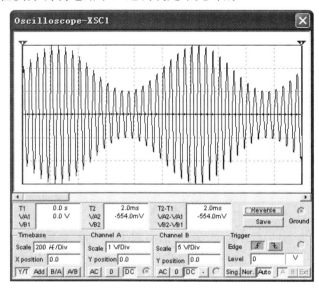

图 8-17　$m_a = 0.5$ 时的正常调幅输出信号

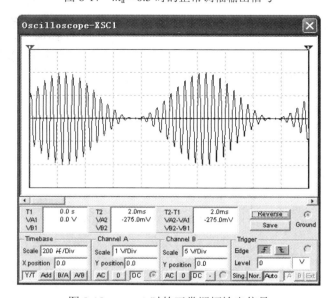

图 8-18　$m_a = 1$ 时的正常调幅输出信号

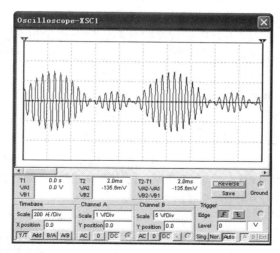

图 8-19 $m_a = 2$ 时的正常调幅输出信号

(3) 分析图 8-17 所示输出调制信号的频谱。启动分析菜单中的 Fourier Analysis...命令，在弹出的对话框中按图 8-20 所示进行设置。点击 Simulate 按钮，得到如图 8-21 所示的频谱图，图中的表格是频谱图列表表示方式。

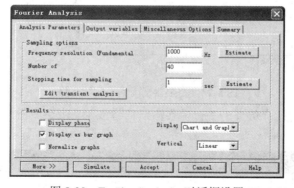

图 8-20 Fourier Analysis 对话框设置

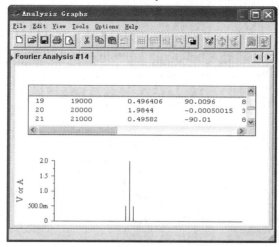

图 8-21 调幅电路输出信号频谱

从频谱图可以看出，调幅过程实际上是一种频谱搬迁过程。经过调幅后，调幅信号的频谱被搬迁到了载波附近，成为对称排列在载频两侧的上边频和下边频，两者的振幅相等。调制后的信号包含有 3 个频率成分：载波频率成分(20 kHz)、上边频(20+1)kHz 和下边频(20−1)kHz。

2) 用相乘器实现平衡调幅实验步骤

(1) 将正常调幅电路中的直流电源设置为 0，实现平衡调幅。图 8-22 所示电路是用相乘器实现平衡调幅实验电路。电路输出为

$$v_0 = KXY = KV_1V_2$$

其中，V_1 是一个频率为 20 kHz，幅度为 1 V，初相为 0° 的高频载波信号；V_2 是一个频率为 1 kHz，幅度为 1 V，初相为 0° 的低频调制信号。

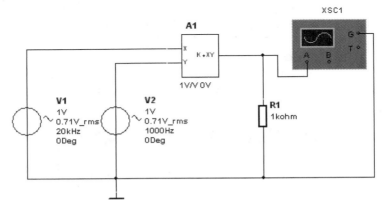

图 8-22   相乘器平衡调幅实验电路

(2) 打开示波器，打开仿真开关，观察输出信号波形。观察到的平衡调幅信号如图 8-23 所示。

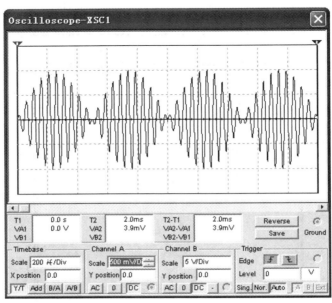

图 8-23   平衡调幅输出信号波形

(3) 分析平衡调幅波的频谱。启动分析菜单中的 Fourier Analysis…命令，进行相应设置后仿真得到如图 8-24 所示的频谱图。

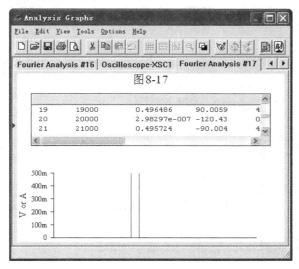

图 8-24　平衡调幅信号频谱

从频谱图可以看出，平衡调幅过程也实现了频谱搬迁。经过调幅后，调幅信号的频谱被搬迁到载波附近，成为对称排列在载频两侧的上边频和下边频，两者的振幅相等。与正常调幅后的频谱图相比较可以看到，平衡调幅后的信号频谱中不再含有载波成分。调制后的信号包含有两个频率成分，即上边频(20+1)kHz 和下边频(20−1)kHz。

5．结论

从频谱角度上看，相乘器是一个线性频率变换器件，可以实现线性的频谱变换。

8.4　二极管双平衡调幅电路仿真实验

1．实验要求与目的

(1) 构建二极管双平衡相乘器电路，掌握电路的结构。

(2) 分析仿真电路的波形，掌握电路的工作原理。

2．实验原理

在上一节中，我们调用了软件提供的相乘器实现了幅度调制。在高频电路中，相乘器是实现频率变换的基本组件。在通信系统及高频电子技术中应用最广泛的相乘器有：二极管双平衡相乘器及由双极型或 MOS 型器件构成的模拟乘法器。模拟乘法器的典型产品有集成 BG314、MC1595L、BB4214 等产品。本实验研究二极管双平衡相乘器的工作原理。电路中的二极管工作在开关状态，且大多采用平衡对称的电路形式，这样可以大大减小不必要的频率分量。

3．实验电路

二极管双平衡相乘器电路如图 8-25 所示。电路中要求各二极管的特性完全一致，电路完全对称。本仿真实验调用了四只虚拟二极管。V_1 是低频调制信号，V_2 是高频载波信号。输出端接有由 L_1、C_1 组成的谐振电路，谐振电路的参数设置值使谐振频率等于载波的频率。

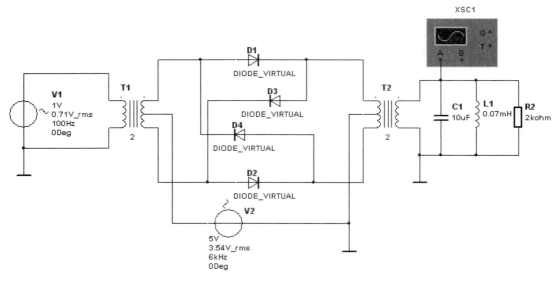

图 8-25　二极管双平衡相乘器

4．实验步骤

(1) 按图 8-25 所示设置电路中各元件参数并连接电路。

(2) 打开仿真开关，得到如图 8-26 所示的输出波形。观察波形，可以看出电路输出信号波形是平衡调幅波。

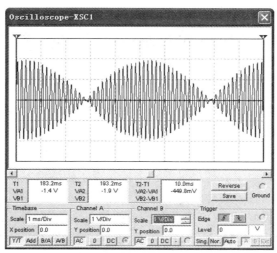

图 8-26　电路输出信号波形

(3) 对输出信号进行傅里叶分析，观察它的频谱结构。启动分析菜单中的 Fourier Analysis…命令，进行相应设置后仿真得到如图 8-27 所示的频谱图。将图表结合起来看，可知输出信号含有两个频率成分，即上边频(6000+100 = 6100 Hz)和下边频(6000 − 100 = 5900 Hz)。

从频谱结构分析可知，输出信号是抑制了载波的平衡调幅信号。频域分析的结果和时域示波器的观察结果是吻合的。

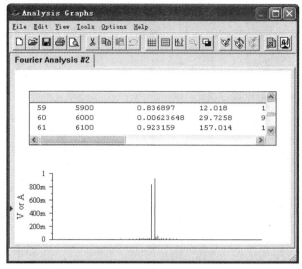

图 8-27　输出信号频谱图

5．结论

二极管双平衡相乘器与选频电路的连接可以实现平衡调幅。

8.5　同步检波器仿真实验

1．实验要求与目的

(1) 用乘法器构建同步检波器。

(2) 仿真分析同步检波器的输入、输出信号波形。

(3) 分析输入、输出信号的频谱结构，掌握电路的工作原理。

2．实验原理

设输入平衡调幅波为

$$v_s(t) = m_a V_s \cos \Omega t \cos \omega_s t$$

而载波信号为

$$v_R(t) = V_R \cos(\omega_s t + \varphi)$$

由于平衡调幅波中无载波分量，因此该载波信号必须由本机振荡产生，而 φ 表示它与原载波信号之间的相位差，这两信号相乘的输出为

$$
\begin{aligned}
v_1(t) &= K_M v_s(t) v_R(t) \\
&= K_M m_a V_s V_R \cos \Omega t \cos \omega_s t \cos(\omega_s t + \varphi) \\
&= K_M m_a V_s V_R \cos \Omega t [\frac{1}{2} \cos \varphi + \frac{1}{2} \cos(2\omega_s t + \varphi)]
\end{aligned}
$$

若滤除高频分量，可得低频分量为

$$v_1(t) = \frac{1}{2} K_M m_a V_s V_R \cos \Omega t \cos \varphi$$

当 $\varphi = 0$ 时，低频输出信号的幅值最大，随着相移的加大，输出信号减弱，因此理想情况下要求本机振荡信号必须与原载波信号同频同相，因此称为同步检波。

3. 实验电路

图 8-28 所示电路为平衡调幅波同步检波器。图中 R_1 和 C_1 构成低通滤波器，C_2 是输出耦合电容，用来隔离直流输出信号。

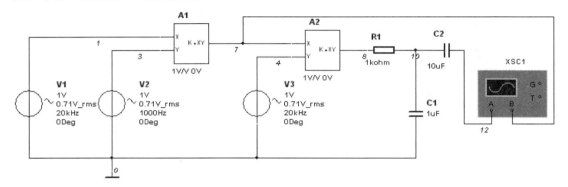

图 8-28 同步检波器

4. 实验步骤

(1) 按图 8-28 所示连接电路。

(2) 打开仿真开关，用示波器观察波形，观察到的波形如图 8-29 所示。由图可以看出，同步检波器的输入波形是平衡调幅波，经检波后，输出的是低频调制信号。

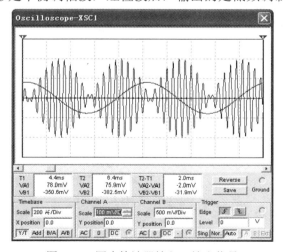

图 8-29 同步检波器输入、输出信号

(3) 对电路中的节点 7、节点 8 和节点 12 的信号进行傅里叶分析，观察信号频域的变化。启动分析菜单中的 Fourier Analysis...命令，进行相应设置后进行仿真，可得到其频谱图。图 8-30 是节点 7 的傅里叶分析结果，图 8-31 是节点 8 的傅里叶分析结果，图 8-32 是节点 12 的傅里叶分析结果。

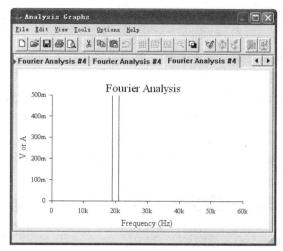

图 8-30　节点 7 信号频谱图

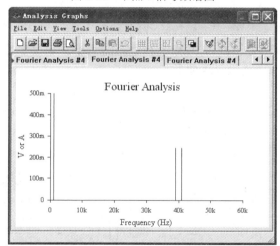

图 8-31　节点 8 信号频谱图

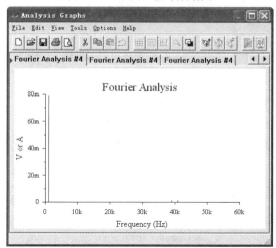

图 8-32　节点 12 信号频谱图

观察图 8-30 所示频谱可知，节点 7 的信号频谱抑制了载波的上、下边频，信号是平衡调幅波，这与用示波器在时域观察到的波形是一致的。

观察图 8-31 所示频谱可知，节点 8 的信号频谱将上、下边频信号搬迁到了 2 倍载波频率附近，同时还有一个频率为 1 kHz 的低频信号，这与理论分析结果是一致的。

观察图 8-32 所示频谱可知，节点 12 的信号频谱只有一个频率为 1 kHz 的低频信号，因为节点 8 的信号经过 R_1、C_1 组成的低通滤波电路时，高频分量基本被滤除了，在输出端得到的是低频调制信号。这与用示波器在时域观察到的波形是一致。

思考题：设输入的是正常调幅波，构建同步检波器并分析电路的工作过程。

8.6　二极管包络检波仿真实验

1．实验要求与目的

(1) 构建二极管包络检波电路。

(2) 观察检波输出波形，理解二极管检波的原理。

(3) 分别改变载波频率、调制信号频率和电容的大小，观察参数对输出波形的影响。

(4) 学会正确地选择电路的元件参数。

2．实验电路

实验电路如图 8-33 所示。输入的调制信号的调制度设置为 0.5，载波的频率设置为 10 kHz，调制信号的频率设置为 800 Hz。

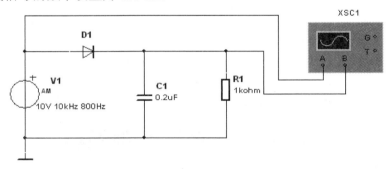

图 8-33　二极管包络检波电路

3．实验原理

设检波电路输入的高频调幅波为 $v_i = V_i(1 + m_a \cos \Omega t)\cos \omega_i t$，由于电容 C 的高频阻抗很小，因此电压大部分加在二极管 D_1 上。当 v_i 为正时，二极管 D_1 导通，立即对电容 C_1 充电。由于二极管的正向电阻很小，因此 C_1 很快被充电到接近输入信号的峰值。电容上的电压建立起来以后，对二极管来说就形成了反向偏压，这时二极管导通与否将由电容端的电压(即输出电压)与输入信号电压共同决定，只有在高频信号的峰值附近的一部分时间才能导通。

4．实验步骤

(1) 按图 8-33 所示连接实验电路。

(2) 打开仿真开关，用示波器观察电路的输入、输出波形。观察到的波形如图 8-34 所示。图中 a 波形是输入的调幅信号，b 波形是包络检波后的输出波形。

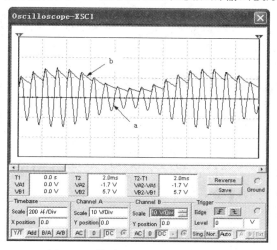

图 8-34　检波电路输入、输出波形

研究图 8-34 所示波形可知：在二极管导通期间，电容 C_1 被充电，其电位基本上随着输入信号的增加而增加；在二极管截止期间，电容 C_1 对电阻 R_1 放电，由于放电时间常数较大，电容上的电位逐渐下降，直到下一次正的输入信号峰值到来前瞬间，二极管再次导通，电容 C_1 再次充电。如此周而复始，就在 R_1 上形成了如图 8-34 中曲线 b 所示的波形。

电容 C_1 上的锯齿电压波形和高频调幅波的包络线相似，而调幅波的包络线反映的是调制信号的变化，利用它可将低频调制信号解调出来。

(3) 改变电容 C_1 的大小，观察电路输出波形。

当电容 $C_1 = 0.01\ \mu F$ 时，电路的输入、输出波形如图 8-35 所示。观察电路输出波形 b 可以看到，由于电容 C_1 减小，放电加快，因此在二极管截止期间，电容 C_1 上的电压几乎全部放完，每次都是从 0 开始充电，很显然，电容 C_1 上的电位不能跟随调制信号峰值包络的变化而变化。

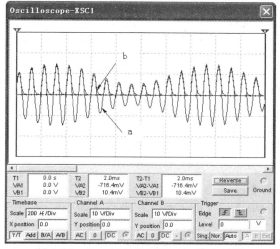

图 8-35　$C_1 = 0.01\ \mu F$ 时输入、输出波形

当电容 $C_1 = 1\ \mu F$ 时，电路的输入、输出波形如图 8-36 所示。观察电路的输出波形 b，发现出现对角切削失真，即在输入信号包络下降的区段，输出信号的变化跟不上包络的变化。这时由于 C_1 增加，放电太慢，因此在输入信号下降的某一区段时间内，二极管始终截止，这段波形的变化随放电波形变化，而与输入信号无关。只有当输入信号振幅重新超过输出电压时，电路才能恢复正常。

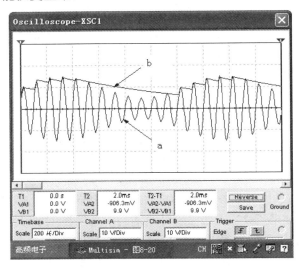

图 8-36　$C_1 = 1\ \mu F$ 时输入、输出波形

5.　实验结论

通过二极管可以实现峰值包络检波，从而将调制信号解调出来。为了使电路的输出信号能跟随包络的变化，电容 C 的选择要合理。

通常，检波电路中的 R、C 要满足以下条件：

$$R_L C \leqslant \frac{\sqrt{1 - m_a^2}}{m_a \Omega_{max}}$$

8.7　二极管环形混频器仿真实验

1.　实验要求与目的

(1) 建立二极管环形混频器，掌握电路的结构特点。

(2) 分析混频器的输入、输出波形，掌握混频器的工作原理。

(3) 分析混频器输出信号频谱，理解混频器频谱搬迁。

2.　实验原理

混频是一种线性频谱变换(搬迁)的过程。混频后，原信号的各分量一齐搬迁到新的频域，各分量的频率间隔和相对幅度仍保持不变，在进行这种变换时，新频率为原频率与某一参考频率(通常称为本振信号频率)之差或和。能完成此频谱变换的电路称为混频器。大多数超外差方式接收机可将高频的调幅波通过混频变为固定的中频调幅波。

当器件的伏安特性是非线性时，能实现混频。当忽略三次方以上的各项时，非线性器件的输出电流与输入电压之间的关系可以表示为

$$i = b_0 + b_1 v + b_2 v^2$$

式中，b_0、b_1、b_2 分别为各项的系数。若 $v = V_s \cos \omega_s t + V_L \cos \omega_L t$，代入上式并利用三角公式进行变换，则得到：

$$i = b_0 + b_1 V_s \cos \omega_s t + b_1 V_L \cos \omega_L t + \frac{1}{2} b_2 V_s^2$$

$$+ \frac{1}{2} b_2 V_s^2 \cos 2\omega_s t + \frac{1}{2} b_2 V_L^2 + \frac{1}{2} b_2 V_L^2 \cos 2\omega_L t$$

$$+ b_2 V_s V_L [\cos(\omega_L - \omega_s)t + \cos(\omega_L + \omega_s)t]$$

可见，当两个不同频率的高频电压作用于非线性器件时，将产生直流、二次谐波、和频与差频等。其中 $b_2 V_s V_L \cos(\omega_L - \omega_s)$ 就是所需的频率分量，即中频。只要在输出端接上谐振频率为中频的谐振回路，就能滤除不需要的频率分量，选出中频电压。

3．实验电路

相乘器、晶体三极管、晶体二极管等非线性器件均可实现混频。二极管构成的环形混频器电路如图 8-37 所示。

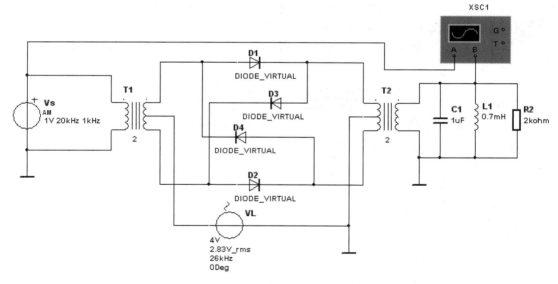

图 8-37　二极管环形混频器

4．实验步骤

(1) 按图 8-37 所示连接电路。图中 V_s 是调幅波信号，其载波频率为 20 kHz，调制信号频率为 1 kHz；V_L 是本振信号，频率为 26 kHz。

(2) 打开仿真开关，用示波器观察输入、输出信号波形。双击示波器图标，得到混频器的输入、输出波形，如图 8-38 所示。

由图 8-38 所示波形可以看到：输入、输出信号的峰值包络相同，只是输出信号的频率比输入信号的频率低。

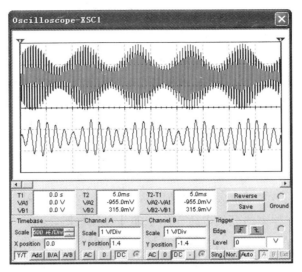

图 8-38　混频器输入、输出波形

(3) 分析输出信号的频谱。启动分析菜单中的 Fourier Analysis…命令，在弹出的对话框中设置相应的参数，点击 Simulate 按钮，得到输出信号的频谱，如图 8-39 所示。

原调幅波的中心频率是 20 kHz，本振信号频率是 26 kHz。混频后从傅里叶分析结果可以看到：混频后的输出波形将原调幅波的中心频率搬迁到 6 kHz，但频谱的结构没有发生变化。所以混频后仍然是调幅波，只是将载波的频率由原来的 20 kHz(ω_L)变为 6 kHz($\omega_L - \omega_S$)的差频频率。

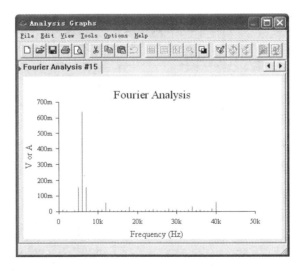

图 8-39　混频后频谱图

5．结论

混频器可利用非线性器件产生新的频率成分，实现频谱的线性搬迁。

6．思考题

当输入信号的频率变化时，如何使混频后的中频信号是一个固定的频率？

8.8　相乘倍频器仿真实验

1．实验要求与目的

(1) 构建倍频器电路。

(2) 仿真分析倍频器的工作原理。

2．实验原理

如果将输入高频信号 $v_s(t) = V_s \cos \omega_s t$ 同时加到相乘器的两个输入端，就很容易得到一个二倍频器，因为在相乘器的输出端有：

$$v_o(t) = K_M v_s(t)^2 = K_M V_s^2 \cos \omega_s^2 = \frac{1}{2} K_M V_s^2 (1 + \cos 2\omega_s t)$$

式中 K_M 为相乘器的相乘增益。

上式说明，相乘器的输出信号中包含直流分量和二倍频分量。通过简单的 RC 组成的高通滤波器就可以获得二倍频输出电压。

3．实验电路

相乘器构成的倍频器如图 8-40 所示，图中的输入信号是频率为 1 MHz 的正弦信号，它可以通过石英晶体振荡电路获得。将此信号同时送到相乘器的两输入端，输出端接 C_1、R_1 构成高通滤波电路。

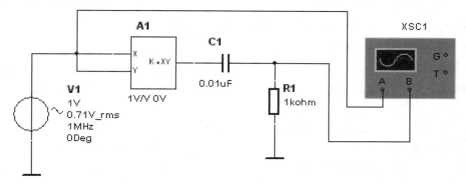

图 8-40　相乘器构成的倍频器

4．实验步骤

(1) 按图 8-40 连接电路。

(2) 打开仿真开关，用示波器观察输入、输出信号波形，观察到的信号波形如图 8-41 所示。

从图 8-41 所示的波形图可以看到，输出信号的频率是输入信号频率的两倍，实现了倍频变换。

5．结论

利用乘法器可以产生倍频信号。

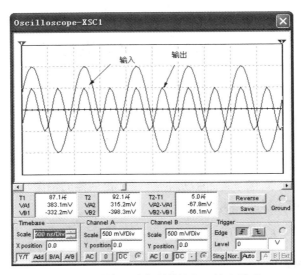

图 8-41　示波器观察到的输入、输出波形

8.9　单失谐回路斜率鉴频器仿真实验

1．实验要求与目的

(1) 构建单失谐回路斜率鉴频器。

(2) 仿真分析电路各关键点波形，理解电路的工作过程。

(3) 掌握电路的工作原理。

2．实验原理

鉴频器是频率调制的逆过程，其作用就是从调频波中解调出调制信号。鉴频器种类很多，有比例鉴频器、相位鉴频器、斜率鉴频器等。

调频波的载波频率随调制信号变化而变化，但由于它是一个等幅波，仅用幅度检波器是无法将它的调制信号分离出来的。通常通过两步完成鉴频，先经过频-幅变换器将调频波变换成调频-调幅波，使其幅度的变化正比于调频波频率的变化；然后用一般的幅度检波器(如二极管包络检波电路)解调出幅度的变化信号从而得到低频调制信号。

鉴频器原理方框图如图 8-42 所示。

图 8-42　鉴频器方框图

3．实验电路

单失谐回路斜率鉴频器实验电路如图 8-43 所示。电路中，V_1 是输入调频波，其参数设置为：幅值为 5 V，中心频率为 1.1 kHz，调制信号频率为 100 Hz。调频-调幅变换电路是 L_1 和 C_1 组成的谐振回路，它的谐振频率为 1.59 kHz，高于信号的中心频率，称为"单失谐回路"。

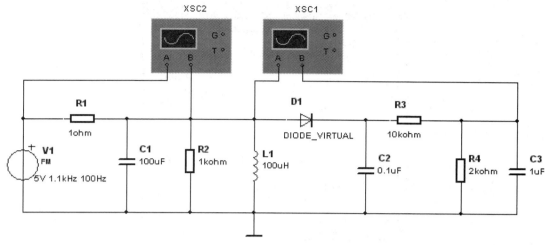

图 8-43　单失谐回路斜率鉴频器

4．实验步骤

(1) 按图 8-43 所示连接电路，设置各信号参数。

(2) 打开仿真开关，用示波器观察各信号波形。

XSC2 观察到的波形如图 8-44 所示，上面的波形是 A 通道输入信号，下面的波形是 B 通道输入信号。A 通道输入的是调频信号，B 通道信号是经过调频-调幅变换得到的调频-调幅波。XSC1 观察到的波形如图 8-45 所示，可以看到经过调频-调幅变换后的信号经过二极管包络检波电路得到的低频调制信号。

5．结论

由图 8-44 和图 8-45 的波形可知：输出低频调制信号反映了调频波频率的变化情况，起到了鉴频的作用。

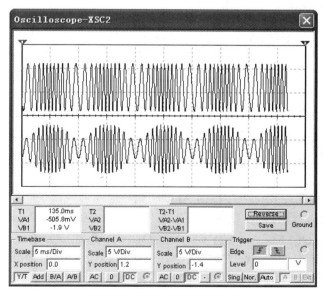

图 8-44　XSC2 观察到的波形

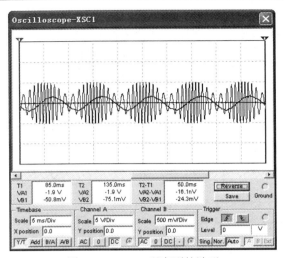

图 8-45　XSC1 观察到的波形

8.10　AFC 锁相环电路仿真实验

1．实验要求与目的

(1) 掌握 AFC 基本电路的原理以及波形特点。

(2) 掌握平衡式 AFC 电路的锁相过程。

2．实验原理

在电子线路中，锁相环技术应用非常广泛，例如使用同步信号直接触发振荡器以求同步，这种同步的方法抗干扰性能差，已经较少采用，比较多的是采用锁相环电路。锁相环电路组成原理方框图如图 8-46 所示。

图 8-46　锁相环原理方框图

若输入信号 $v_i(t)$ 和输出信号 $v_o(t)$ 的频率不一致时，则其间必有相位差别。鉴相器将此相位差别变换为电压 $v_d(t)$，称为误差电压。该电压经低通滤波器滤除高频分量后，控制压控振荡器改变其振荡频率，使其趋向于输入信号频率。

3．实验电路

图 8-47 所示电路是电视机中行扫描 AFC 锁相环电路，电路说明如下：

V_1 为脉冲信号源，即行同步信号，其周期为 64 μs、脉宽为 4.7 μs、幅度为 3 V。C_1、R_1 为输入耦合电路。Q_1、R_2、R_3、C_2、C_3、D_1、D_2、R_4、R_5 组成分相型平衡式 AFC 鉴相器。R_6、C_4 组成低通滤波器，该时间常数的大小决定了锁相环的压控性和频率稳定性。R_7 为隔离电阻。U1A、R_9、C_5、D_3、D_4 组成脉宽可变的压控振荡器。C_7 隔直，保证 COM 点平均电压为 0。R_{10}、C_6 组成积分电路，形成比较锯齿电压。

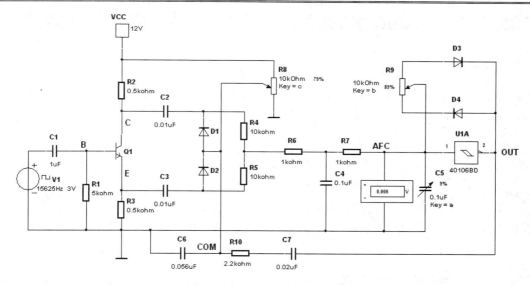

图 8-47　AFC 锁相环实验电路

调节 R_9 可以改变振荡脉宽，方便调出符合比较相位要求的振荡器反馈比较信号。调节 C_5 可以改变振荡频率，观察锁相结果。AFC 节点连接有直流电压表，可以观察 AFC 输出的误差电压。

4．实验步骤

(1) 按图 8-47 连接实验电路。

(2) 先将 AFC 与振荡器的连线断开，用示波器观察 OUT 的波形。

(3) 分别调节 R_9 和 C_5 的大小，观察输出信号脉宽和频率变化规律。增大 C_5，输出信号的频率减小；增大 R_9，脉宽增加。

(4) 将 AFC 与振荡器之间的连线重新连接好，分别用示波器观察 OUT、COM、AFC、B、C、E 各点的波形，并且调节 R_9(合适脉宽)和 C_5 锁相(频)范围。锁相同步时各测试点的波形如图 8-48～图 8-52 所示。

波形分析：

u_c 和 u_e 为分相器 Q_1 的输出波形，互为倒相，如图 8-48 所示。

OUT 输出高电平长，低电平短的振荡波形，可以通过调制 R_9 获得(89%)，原因是为了满足锁相环比较相位需要。

观察图 8-49 所示 COM 和 u_b 波形，COM 将 OUT 输出波形积分获得比较锯齿波，u_b 为输入同步信号。锁相过程为：设同步信号出现时，对应锯齿波逆程处于某一电压值；当振荡器频率因某种原因升高时，周期变短，锯齿波左移；当同步信号再出现时，对应锯齿波逆程处于较低电压值，即 COM 点电位下降，引起 AFC 电压也下降，使振荡器输入端电位降低，从而使振荡器翻转推迟，即振荡频率下降。通过不断地牵引，电路自动平衡在一个稳定频率点上，

图 8-50 所示波形是 AFC 和 OUT 波形，可以看到输出波形是受 AFC 控制的。

图 8-51 所示波形是输入同步信号 u_b 和输出波形 OUT，可以看到，输出信号与同步信号基本一致，达到了锁相同步的目的。

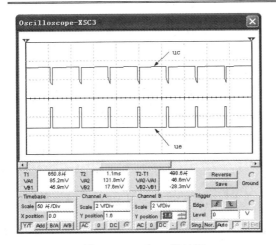

图 8-48　u_c 和 u_e 的波形

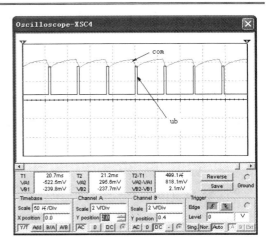

图 8-49　u_b 和 com 处波形

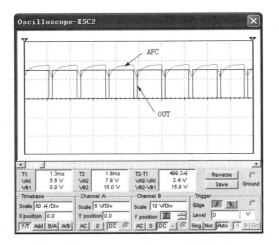

图 8-50　AFC 和 OUT 波形

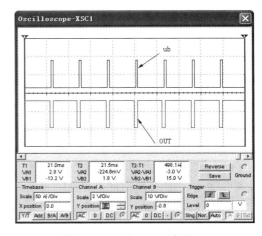

图 8-51　u_b 和 OUT 波形

5. 改变参数观察实验结果

(1) 调节 R_9，从 90% 到 15%，振荡波形的占空比发生变化，再微调 C_5，寻找同步点。

(2) 改变比较积分电容 C_6 的值，找出最佳锁相范围的数值。

(3) 增大或减小 C_1、C_2 的数值，观察同步性能。

(4) 改变 V_1 信号源的频率，找出同步的范围。

6. 思考题

设计一种锁相环电路，锁相频率为 1 kHz。

第 9 章　电子综合设计实例

9.1　数字电子钟的设计

1．设计要求

用中规模集成电路设计并仿真调试数字电子钟，具体要求如下：

(1) 设计一台能直接显示"时"、"分"、"秒"十进制数字的数字钟。

(2) 具有校时功能，可分别对"时"、"分"、"秒"进行单独校时。

(3) 计时过程具有整点自动报时功能，要求报时声响为四低一高，最后一响为整点。

2．设计原理及框图

数字电子钟是采用数字电路实现"时"、"分"、"秒"数字显示的计时装置。数字电子钟的主要功能就是计时，因此需要有振荡器来产生时间标准信号，即 1 Hz 的秒脉冲信号，然后由计数器对秒脉冲信号进行计数，并将累计的结果以"时"、"分"、"秒"的数字显示出来。由于计数的起始时间不可能与标准时间(如北京时间)一致，故需要在电路上加一个校时电路。其整机电路设计框图如图 9-1 所示。

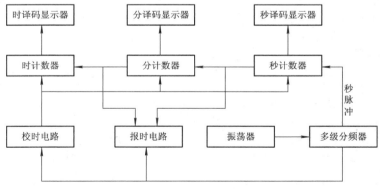

图 9-1　数字电子钟框图

3．单元电路设计及仿真调试

1) 振荡器设计

振荡器是数字钟的关键，它的频率稳定性直接影响数字钟的精度。要产生稳定的时间标准信号，一般采用石英晶体振荡器。现在使用的指针式电子钟和数字显示的电子钟都使用石英晶体振荡电路。从数字钟精度考虑，晶体振荡器频率越高，计时的精度愈高，但这样会使分频器的级数增加。在确定频率时应考虑这两个方面的因素，然后再选择石英晶体的具体型号。

振荡器电路如图 9-2 所示，U1A 和 U1B 反相器构成多谐振荡电路，石英晶体构成选频环节。由于当频率为 f_0 时，石英晶体的电抗 $X = 0$，而在其他频率下电抗都很大，因此只有频率为 f_0 的信号能够顺利通过，满足振荡条件。在电源接通后，电路就会产生频率 f_0 的自激振荡。由于该电路的频率比较稳定，但波形不够理想，因此需要在电路输出端加一个反相器 U1C，这样既能起整形作用，使输出脉冲更接近矩形波，又能起缓冲隔离作用。本设计选用的石英晶体频率为 1 MHz，产生的脉冲信号频率为 1 MHz。

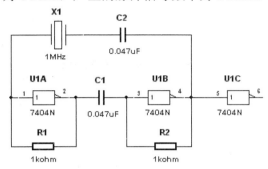

图 9-2　晶体振荡器

2) 分频器设计

石英晶体振荡器产生的频率很高，要得到秒信号需采用分频电路。分频器的级数和每级的分频次数要根据晶体振荡器产生的信号频率来确定。如图 9-2 所示电路产生的输出信号频率为 1 MHz，需经过 6 级十分频电路分频后才可得到秒信号。分频器电路如图 9-3 所示，电路中十分频电路采用的是十进制计数器 74LS160，从计数器进位端输出的信号频率是时钟频率的十分之一，将前级的输出接到后级的输入，经过 6 级十分频后，就可以得到 1 Hz 的秒脉冲信号。

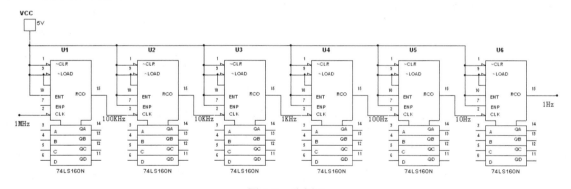

图 9-3　分频器

3) 秒计数器设计

有了秒脉冲信号就可以对秒信号进行累加计时。根据 60 秒进 1 分的原则，秒计数器设计成六十进制计数器。电路设计采用两片 74LS160，一片接成十进制计数器，作为秒的个位；另一片接成六进制计数器，作为秒的十位，然后将个位片的进位输出端通过一个非门连接到十位片的 CLK 输入端，组成六十进制计数器，完成秒的计数功能，图 9-4 所示为秒计时电路。

该计数器中 U1 采用直接清零复位法构成六进制计数器，U4 是十进制计数器，将 U4

的进位输出通过一个非门连接到 U1 的时钟输入端实现计数器的级联，从而用两片 74LS160
实现六十进制计数。

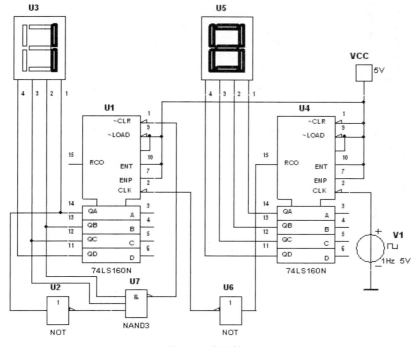

图 9-4　秒计数器

秒的显示采用两个数码管，分别显示秒的个位和十位。为了简化电路，该数码管选用
了元件箱中的 DCD_HEX 元件，这是带译码功能的七段数码管，因此电路中省略了译码
电路。

为了调试电路方便，电路中直接调用了一个脉冲信号，并将其频率设置为 1 Hz 作为秒
脉冲信号源。按图 9-4 连接秒计数器，仿真调试电路的功能。

4) 分计数器的设计

根据 60 分进 1 小时的原则，分计数器也应该设计成六十进制计数器，所以分计数器电
路与秒计数电路完全相同。所不同的是，只有当秒电路计到 60 时，分电路才能计一次，所
以要将计分电路的时钟输入端通过一个非门与计秒电路的十位 74LS160 的清零端相连，这
样，当秒计数器完成一个 60 计数时，计分电路才接收到一个时钟信号。

5) 时计数器设计

计时电路的设计采用两片 74LS160，先采用级联的方法，即将低位片的进位输出端
RCO 通过一个非门连接到高位片的时钟 CLK 输入端，构成一百进制计数，然后将高位片
的 Q_B 和低位片的 Q_C 连接到两输入与非门的输入端。与非门的输出同时连接到两片的清零
端，实现当计数到 24 时，异步清零翻转为 00，从而构建二十四进制计时电路。设计电路如
图 9-5 所示。图 9.5 中 CLK 输入的脉冲信号是为了调试时计数器电路的需要，在数字钟的
设计中，该时钟输入端通过一个非门与计分电路的十位 74LS160 的清零端相连，这样，当
分计数器完成一个 60 计数时，计时电路才接收到一个时钟信号。

按图 9-5 连接时计数器，仿真调试电路的功能。

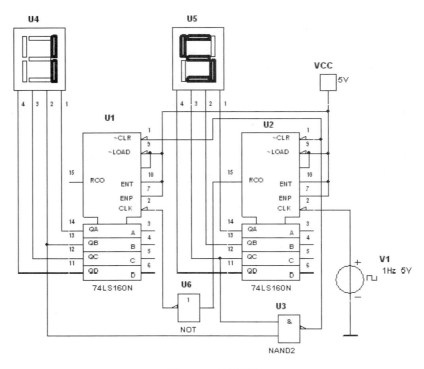

图 9-5　时计数器

6) 校时电路

在刚开机接通电源时，由于"时"、"分"为任意值，或当数字钟出现走时误差时，都需要对时间进行校准。校时电路的基本原理是将秒信号直接引进时计数器，让时计数器快速计数，在时达到需要的数字后，切断"秒"信号。校分电路也按此方法进行。

实现校时的电路的方法很多，如图 9-6 所示电路即可作为时计数器或分计数器的校时电路。

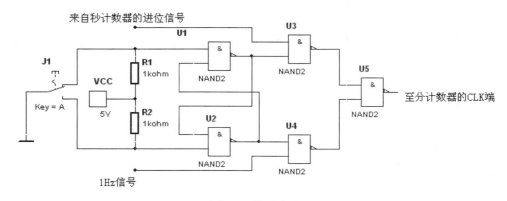

图 9-6　校时电路

现设用图 9-6 所示电路作为分计数器的校时电路,图中采用 RS 触发器作为无抖动开关。

通过开关 J1,可以选择是将 1 Hz 信号还是将来自秒计数器的进位信号送至分计数器的 CLK 端。当开关 J1 置于上端时，来自秒计数器的进位信号送至分计数器的 CLK 端，分计数器正常工作；需要校正分计数器时，将开关 J1 置于下端，这时，1 Hz 信号送至分计数器的 CLK 端，分计数器在 1 Hz 信号的作用下快速计数，直至正确的时间，再将开关置于上端，达到校准分的目的。校准时的方法与此类似。

连接该电路，仿真调试该电路的工作。在调试时可在两个信号输入端输入不同频率的两个时钟信号，按 A 键切换开关 J1，在输出端接示波器监测输出。

7) **整点报时电路**

电路的设计要求在差 10 秒为整点时开始每隔 1 s 鸣叫一次，每次持续时间为 1 s，共鸣叫 5 次，前 4 次为低音(500 Hz)，最后一次为高音(1 kHz)。因为分计数器和秒计数器在从 59 分 51 秒计数到 59 分 59 秒的过程中，只有秒个位计数器计数，分十位、分个位和秒十位计数器的状态不变，分别为 $Q_{D4}Q_{C4}Q_{B4}Q_{A4} = 0101$，$Q_{D3}Q_{C3}Q_{B3}Q_{A3} = 1001$，$Q_{D2}Q_{C2}Q_{B2}Q_{A2} = 0101$，所以 $Q_{C4} = Q_{A4} = Q_{D3} = Q_{A3} = Q_{C2} = Q_{A2} = 1$ 不变。设 $Y_1 = Q_{C4}Q_{A4}Q_{D3}Q_{A3}Q_{C2}Q_{A2}$，又因为在 51、53、55、57 秒时 $Q_{A1} = 1$，$Q_{D1} = 0$，输出 500 Hz 信号 f_2；在 59 秒时，$Q_{A1} = 1$，$Q_{D1} = 1$，输出 1 kHz 信号 f_1，由此可写出整点报时电路的逻辑表达式为

$$Y_2 = Y_1 Q_{A1} Q_{D1} f_1 + Y_1 Q_{A1} \overline{Q}_{D1} f_2$$

用门实现该逻辑功能，则整点报时电路如图 9-7 所示。

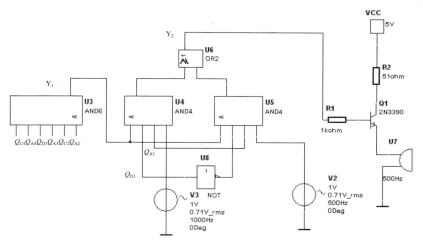

图 9-7　整点报时电路

4. 整机电路设计及仿真调试

将秒计数器、分计数器和时计数器单元电路共同构成数字电子钟系统,秒计数器的 CLK 的输入端接晶振分频后获得的秒脉冲信号，再将辅助电路(如校时电路、整点报时电路)连接到电路中。数字钟的整机电路如图 9-8 所示。运行仿真开关，调试电路，直至电路工作正常。

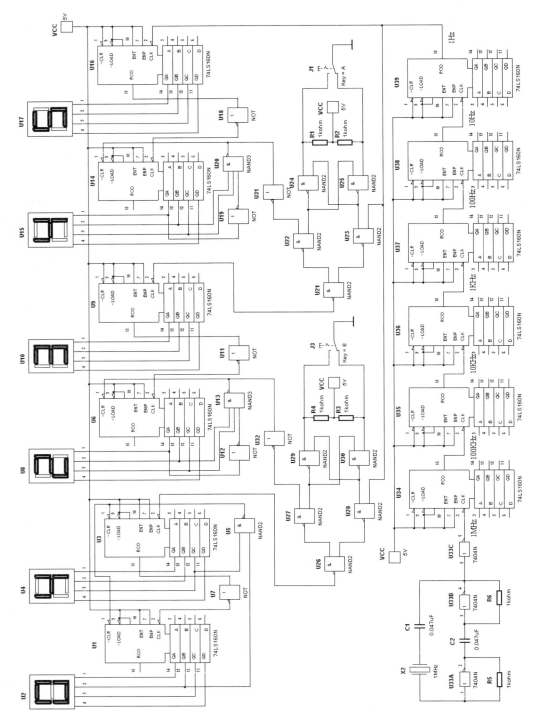

图 9-8　数字电子钟原理图

9.2　电子秒表的设计

1．设计要求

用中规模集成电路设计并仿真调试电子秒表。具体要求如下：

(1) 电子秒表的计数范围为 0.01～9.99 s。

(2) 具有启动和停止计数功能。

(3) 电子秒表启动计数时能自动复位从 0 开始计数。

2．设计原理及框图

电子秒表一般应用在体育比赛中，比赛开始时，按下启动键，电子秒表从 0 开始计时，到达终点时，按下停止键，停止计时，同时显示时间。在比赛中为了精确计时，通常要求电子秒表能计到 0.01 s。根据设计要求，电子秒表的设计框图如图 9-9 所示。时钟发生器产生频率为 100 Hz，周期为 0.01 s 的时钟信号送入到计数器中计数，通过显示译码器译码驱动数码管显示时间值。控制电路控制电子秒表的启动和停止，并控制复位电路在启动计数瞬间产生一个清零信号，使计数器先清零再计数。

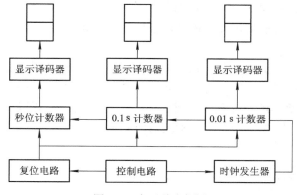

图 9-9　电子秒表框图

3．单元电路设计及仿真调试

1) 控制电路

要求控制电路能控制电子秒表的启动和停止。启动时要求能控制复位电路，使每次计时都从 0 开始计时，停止时要能显示时间值。根据设计要求，控制电路设计如图 9-10 所示。电路为用集成与非门 74LS00 构成的基本 RS 触发器，属低电平直接触发的触发器，有直接置位、复位的功能。将它的一路输出 Q 控制时钟信号是否输出到计数端，另一路输出 $\overline{Q}$ 送到复位电路。

S2 按钮是启动计时按钮，当按下按钮 S2 时，$Q = 1$，$\overline{Q} = 0$。手松开后，RS 触发器的两输入端输入 1，电路状态保存不变，Q 由 0 变 1 控制与非门 U2C 开启，时钟信号送至电子秒表时钟输入端，同时在 $\overline{Q}$ 由 1 变 0 时，控制复位电路产生一清零脉冲，使各计数器清零后再开始计时。

S1 按钮是停止计时按钮，当按下按钮 S1 时，$Q = 0$，$\overline{Q} = 1$。手松开后，RS 触发器的两输入端输入 1，电路状态保持不变，Q 由 1 变 0 封锁与非门 U2C 的输入，电子秒表停止计时，同时 $\overline{Q}$ 由 0 变 1，复位电路不工作。

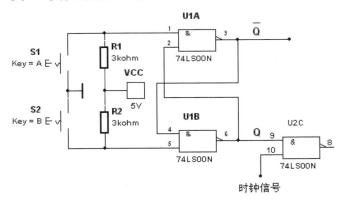

图 9-10　控制电路

2) 复位电路

当控制电路中 $\overline{Q}$ 由 1 变 0 时，复位电路才能产生一清零脉冲送至各计数器复位，并且要求复位时间很短，基本不影响计时，在其他情况下，复位电路都不工作。设计一个由负脉冲触发的单稳态电路就能满足复位电路的要求，具体电路见图 9-12。

3) 时钟发生器

时钟发生器可以有很多种电路形式，如上节中采用的晶体振荡电路就是很好的时钟源。用 555 定时器构成多谐振荡电路，也是一种性能较好的时钟源，电路如图 9-11 所示。电路振荡周期 $T = 0.7(R_A + 2R_B)C$，调节 R_A，使在 555 定时器输出端获得频率为 100 Hz，即周期为 0.01 s 的脉冲信号，同时在输出端用示波器监测输出信号波形。

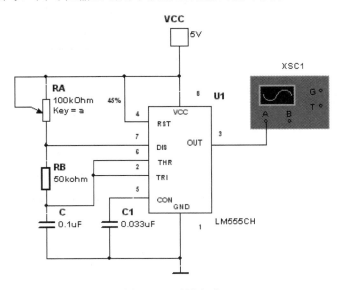

图 9-11　时钟电路

4) 计数器

采用十进制计数器 74LS160 完成各位的计数。

5) 译码器

译码器采用 74LS248 显示译码器，驱动共阴数码管显示时间值。表 9-1 是 74LS248 的功能表。

表 9-1　显示译码器 74LS248 的功能表

输　入		输　入	输　出		输　出						显示
LT　RBI		D　C　B　A	BI/RBO	OA	OB	OC	OD	OE	OF	OG	
×　×		×　×　×　×	0	0	0	0	0	0	0	0	灭
0　×		×　×　×　×	1	1	1	1	1	1	1	1	8
1　0		0　0　0　0	0	0	0	0	0	0	0	0	灭
1　1		0　0　0　0	1	1	1	1	1	1	1	0	0
1　×		0　0　0　1	1	0	1	1	0	0	0	0	1
1　×		0　0　1　0	1	1	1	0	1	1	0	1	2
1　×		0　0　1　1	1	1	1	1	1	0	0	1	3
1　×		0　1　0　0	1	0	1	1	0	0	1	1	4
1　×		0　1　0　1	1	1	0	1	1	0	1	1	5
1　×		0　1　1　0	1	0	0	1	1	1	1	1	6
1　×		0　1　1　1	1	1	1	1	0	0	0	0	7
1　×		1　0　0　0	1	1	1	1	1	1	1	1	8
1　×		1　0　0　1	1	1	1	1	0	0	1	1	9

4．整机电路设计及仿真调试

电子秒表原理图如图 9-12 所示。其中 U2C、U2D 构成单稳态触发电路，在负脉冲的触发下输出一个脉宽由 R_6、C_4 参数控制的清零信号送至各计数器的 CLR 端，使各计数器复位后再计数。

三片 74LS00 构成计数器，分别对 0.01 s、0.1 s、1 s 进行计数。完成 0.01 s 位计数器的 CLK 时钟输入端输入的是 555 多谐振荡电路输出的 100 Hz 时钟信号，此信号通过门 U3A 送至 CLK 端，门 U3A 受基本 RS 触发器 Q 的控制。将 0.01 s 位计数器的进位信号通过一个非门送至 0.1 s 位片的时钟输入端，当 0.01 s 位片计到 10 时，产生一个进位信号，0.1 s 位计数器计 1，完成十进制功能。同理，将 0.1 s 位计数器的的进位信号通过一个非门送至秒位计数器完成 0.1 s 位和 1 s 位之间的十进制转换。

译码器采用 74LS248 显示译码器，74LS248 是一种 BCD 码输入的四线-七段译码器，输出高电平有效。显示器采用七段共阴极数码管。

最后连接整机电路，对电路进行仿真调试。

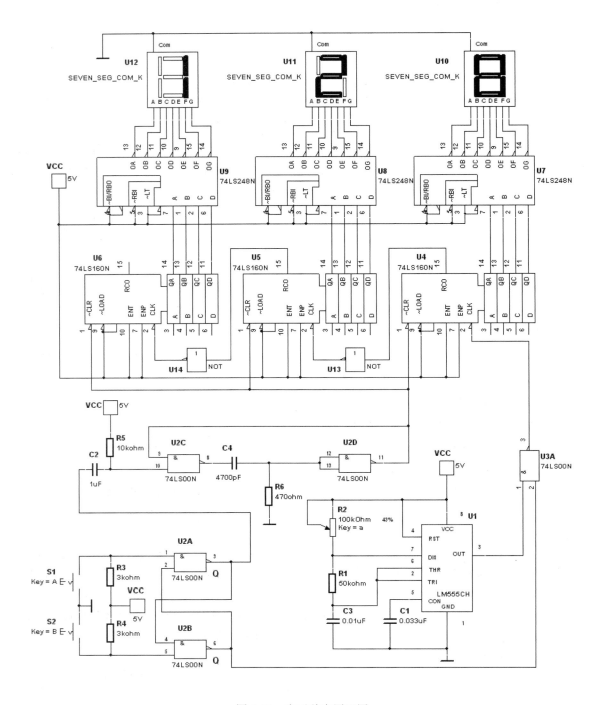

图 9-12　电子秒表原理图

9.3　数字抢答器的设计

1．设计要求

(1) 8 路开关输入。

(2) 显示与输入开关编号相对应的数字 1～8。

(3) 输出具有唯一性和时序第一的特征。

2．设计原理及框图

本设计的重要任务是准确判断第一时间抢答者的信号并将其锁存。实现这一功能可用触发器或锁存器等。在得到第一抢答信号后，立即将其输入锁存，并使其他组别的抢答信号无效。当电路锁存第一抢答信号后，用编码、译码及数码显示电路显示出抢答组别的数字。完成本次抢答后，由节目主持人控制解锁电路，电路清零，重新开始抢答。

根据抢答器的基本工作原理，其设计框图如图 9-13 所示。

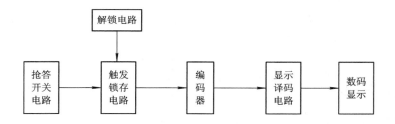

图 9-13　抢答器设计框图

3．单元电路设计及仿真调试

1) 抢答开关电路和触发锁存电路

抢答开关电路由多路开关组成，每一竞赛者与一组开关对应。开关为动合型，当按下开关时，开关闭合；当松开开关时，开关自动断开。8 路抢答开关电路如图 9-14 所示，电路中 R_1～R_8 为上拉限流电阻，本电路采用 CMOS 集成电路组成，故上拉电阻均采用 1 MΩ 的电阻。当按下任一开关时，相应的输入为低电平，否则为高电平，如电路中按下开关 5，对应的电路输入端 5D 输入低电平，其他路输入高电平。

当某一开关首先被按下时，触发锁存电路被触发，在输出端输出相应的开关电平信号，利用这个变化的开关电平将本触发电路锁定，使随后其他开关触发输入无效。8 路触发锁存电路如图 9-14 所示，图中 74HC374 为八边沿 D 锁存器，当所有开关均未按下时，锁存器输出全部为高电平。经 8 输入与非门和非门后的反馈信号仍为高电平，该信号送入到与门 U4 输入端，控制与门开启，从而控制时钟信号加到 CLK 端。抢答开始后，当某一组竞赛者将开关首先按下时，必然有一路 D 锁存器的输入为低电平，经锁存器后输出为低电平，使反馈信号为低电平，从而封锁时钟信号。这时，随后的竞赛者按下按钮无效，达到锁存第一时间抢答者信号的目的。

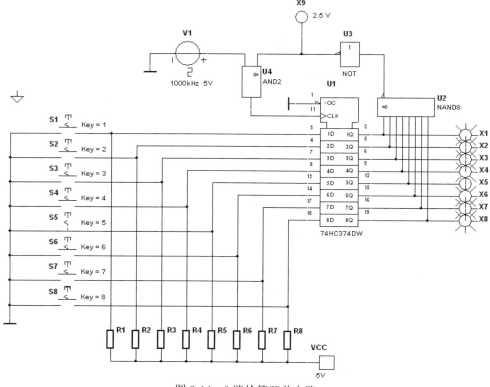

图 9-14　8 路抢答开关电路

2) 编码电路

　　编码电路的作用是将某一开关信号转换成相应的 8421BCD 码，以提供数字显示电路所需要的编码输入。编码电路采用 74HC147 集成电路，该集成电路为 10 线-4 线优先编码器，输入低电平有效，当某一输入为低电平时，输出为相应的 8421BCD 码的反码，该编码器多余的输入端应接高电平。打开帮助文件，查看 74HC147 的功能，如图 9-15 所示为 74HC147 的功能表。

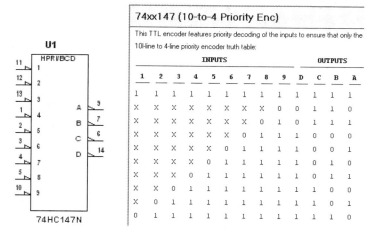

图 9-15　10 线-4 线编码器 74HC147

3) 译码驱动及显示单元

编码器实现了对开关信号的编码，并以 BCD 码的形式输出。为了将输出的 BCD 码显示出来，需要采用显示译码电路。本设计中选择常用的七段显示译码驱动器 4511 作为显示译码电路。选择 LED 数码管为显示单元电路。打开帮助文件，查看 4511 的功能，如图 9-16 所示。

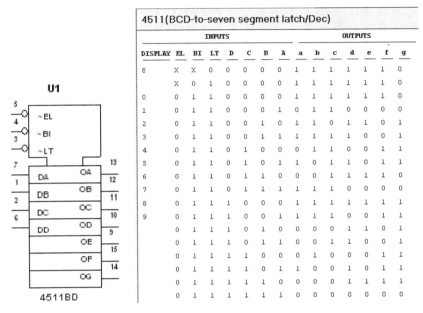

4511(BCD-to-seven segment latch/Dec)

DISPLAY	EL	BI	LT	D	C	B	A	a	b	c	d	e	f	g
8	X	X	0	0	0	0	0	1	1	1	1	1	1	0
	X	0	1	0	0	0	0	1	1	1	1	1	1	0
0	0	1	1	0	0	0	0	1	1	1	1	1	1	0
1	0	1	1	0	0	0	1	0	1	1	0	0	0	0
2	0	1	1	0	0	1	0	1	1	0	1	1	0	1
3	0	1	1	0	0	1	1	1	1	1	1	0	0	1
4	0	1	1	0	1	0	0	0	1	1	0	0	1	1
5	0	1	1	0	1	0	1	1	0	1	1	0	1	1
6	0	1	1	0	1	1	0	0	0	1	1	1	1	1
7	0	1	1	0	1	1	1	1	1	1	0	0	0	0
8	0	1	1	1	0	0	0	1	1	1	1	1	1	1
9	0	1	1	1	0	0	1	1	1	1	0	0	1	1
	0	1	1	1	0	1	0	0	0	0	0	1	0	1
	0	1	1	1	0	1	1	0	0	1	0	0	1	1
	0	1	1	1	1	0	0	0	1	0	0	0	1	1
	0	1	1	1	1	0	1	1	0	0	1	0	1	1
	0	1	1	1	1	1	0	0	0	0	0	1	1	1
	0	1	1	1	1	1	1	0	0	0	0	0	0	0

图 9-16　显示译码器 4511BD

4) 解锁电路

当锁存电路被触发锁存后，若要进行下一轮的抢答，则需要节目主持人将锁存器解锁，同时显示电路显示 0。解锁电路如图 9-17 所示，节目主持人将开关 J1 拨向上方，可将锁存器的时钟信号强行加到时钟输入端，使锁存器处于待接收状态。

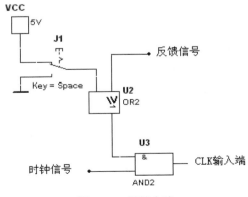

图 9-17　解锁电路

4. 整机电路设计及仿真调试

根据上述单元电路设计，抢答器的整机电路如图 9-18 所示。对整机电路进行调试。

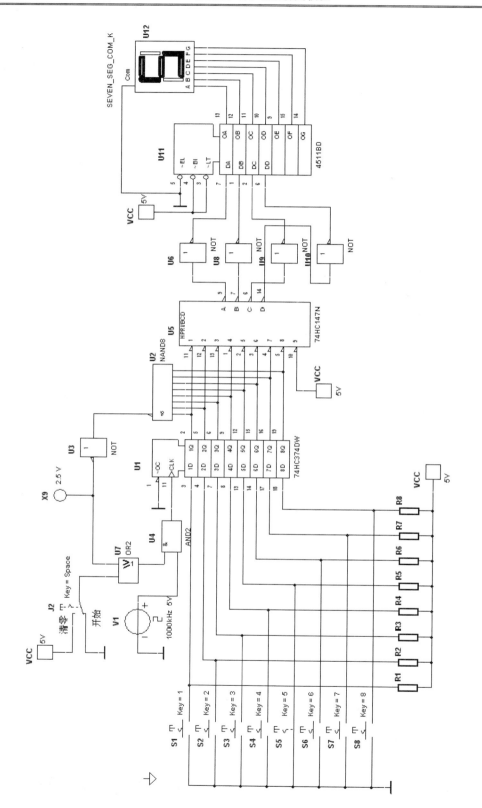

图 9-18　抢答器整机电路

9.4　交通灯控制器的设计

1．设计要求

(1) 主、支干道交替通行，主干道每次放行 30 s，支干道每次放行 20 s。

(2) 绿灯亮表示可通行，红灯亮表示禁止通行。

(3) 每次绿灯变红灯时，黄灯先亮 5 s。

(4) 在黄灯亮时，原红灯按 1 Hz 的频率闪烁。

(5) 十字路口的交通灯要有数字显示，作为等候时间提示。要求主、支干道通行时间及黄灯亮的时间均以秒为单位作减计数。

2．设计原理及框图

十字路口的交通灯指挥着行人和各种车辆的安全通行。有一个主干道和支干道的十字路口，如图 9-19 所示。两条干道上都设置了红、绿、黄 3 色信号灯。红灯表示禁止通行，绿灯表示可以通行，在绿灯变红灯时先要求黄灯亮几秒钟，以便让停车线以外的车辆停止运行。因为主干道上的车辆多，所以放行的时间要长。

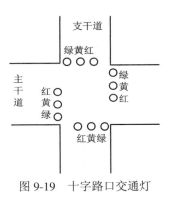

图 9-19　十字路口交通灯

要实现上述交通信号灯的自动控制，则要求控制电路由秒脉冲信号发生器、计数器、状态控制器、信号灯译码驱动电路和数字显示译码驱动电路几部分组成。整机电路的设计框图如图 9-20 所示。

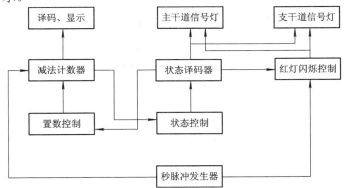

图 9-20　交通灯控制系统组成框图

状态控制器用于记录十字路口交通灯的工作状态，实现对主、支干道车辆运行状态的控制。状态译码器根据状态控制器所处的状态，通过状态译码器分别驱动点亮相应的信号灯，指挥主、支干道的行人和车辆。通过减法计数器对秒脉冲信号作减计数，完成计时任务，达到控制每一种工作状态持续时间的目的。减法计数器的回零脉冲控制状态控制器完成状态转换，同时状态译码器根据系统下一个工作状态，决定计数器下一次减计数的初始值。减法计数器的状态由 BCD 码译码器译码，驱动数码管显示。在黄灯亮期间，状态译码器将秒脉冲引入红灯控制器，使红灯闪烁。

3．单元电路设计及仿真调试

1) 状态控制器的设计

根据设计要求，因主干道和支干道各有 3 种灯(红、黄、绿)，它们在正常工作时，发亮的灯只有 4 种可能的组合：主绿灯亮，支红灯亮，主干道通行；主黄灯亮，支红灯闪烁，主干道停车；主红灯亮，支绿灯亮，支干道通行；主红灯闪烁，支黄灯亮，支干道停车。各信号灯的工作顺序流程如图 9-21 所示。

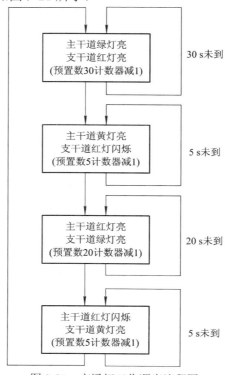

图 9-21　交通灯工作顺序流程图

信号灯 4 种不同的状态分别用 S0、S1、S2、S3 表示，其状态编码及状态转换图如图 9-22 所示。

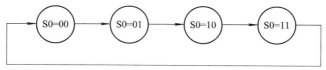

图 9-22　交通灯状态编码及状态转换图

由图 9-22 可知其显然是一个 2 位二进制计数器，可采用多种中规模集成计数器来实现。本电路采用 74LS161 的 4 位二进制计数器直接利用其低位构成 2 位二进制计数器来实现状态的转换，电路如图 9-23(a)所示。

将状态控制器创建为子电路。分别在各端口接入输入/输出端口，注意端口的左右放置，朝左放置是输入端口，朝右放置是输出端口，然后将电路全选，选择 Place/Replace by Subcircuit 菜单命令，在弹出的对话框中输入子电路名称 statecontrol，创建的子电路如图 9-23(b)所示，RC1 是来自减法计数器的控制脉冲输入端，Q_2 和 Q_1 是控制信号输出端。

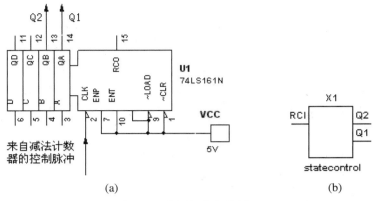

图 9-23　交通灯状态控制器

2) 状态译码器设计及仿真调试

主、支干道上红、黄、绿信号灯的状态主要取决于状态控制器的输出状态。它们之间的关系见真值表 9-2。对于信号灯的状态，1 表示灯亮，0 表示灯灭。

表 9-2　信号灯信号状态真值表

状态控制器输出		主干道信号灯			支干道信号灯		
Q_2	Q_1	R(红)	Y(黄)	G(绿)	r(红)	y(黄)	g(绿)
0	0	0	0	1	1	0	0
0	1	0	1	0	1	0	0
1	0	1	0	0	0	0	1
1	1	1	0	0	0	1	0

根据真值表，可求出各信号灯的逻辑函数表达式为：

$$R = Q_2\overline{Q}_1 + Q_2Q_1 = Q_2 \qquad \overline{R} = \overline{Q}_2$$

$$Y = \overline{Q}_2Q_1 \qquad \overline{Y} = \overline{\overline{Q}_2Q_1}$$

$$G = \overline{Q}_2\overline{Q}_1 \qquad \overline{G} = \overline{\overline{Q}_2\overline{Q}_1}$$

$$r = \overline{Q}_2\overline{Q}_1 + \overline{Q}_2Q_1 = \overline{Q}_2 \qquad \overline{r} = \overline{\overline{Q}_2} = Q_2$$

$$y = Q_2Q_1 \qquad \overline{y} = \overline{Q_2Q_1}$$

$$g = Q_2\overline{Q}_1 \qquad \overline{g} = \overline{Q_2\overline{Q}_1}$$

选择发光二极管来模拟交通灯，状态译码器仿真电路如图 9-24 所示，其中 X1 是状态控制器子电路。

由于门电路带灌电流的能力一般比带拉电流的能力强，故当显示电路设计的是输出低电平时，会点亮相应的发光二极管。再考虑到设计任务要求，当黄灯亮时，红灯按 1 Hz 的频率闪烁。从信号灯的信号状态真值表中可以看出，当黄灯亮时，Q_1 必为高电平，而红灯点亮信号与 Q_1 无关。可利用 Q_1 信号控制一个三态门电路 74LS125，由于 74LS125 的使能端是低电平有效，所以将 $\overline{Q}_1$ 引入到使能端。当黄灯亮时，Q_1 为高电平，$\overline{Q}_1$ 为低电平，使能端有效，将秒脉冲信号引到驱动红灯的与非门输入端，使红灯在黄灯亮期间闪烁；否则，将秒脉冲信号隔离，红灯信号不受黄灯信号控制。图 9-24 所示的仿真电路中，为了快速仿真，来自减法计数器的控制脉冲用了 100 Hz 的脉冲信号仿真，故秒信号采用了 1 kHz 的信号仿真。

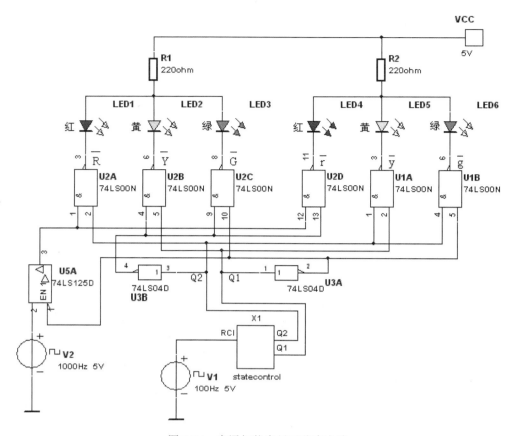

图 9-24　交通灯状态显示仿真电路

3) 定时系统设计及仿真调试

　　根据设计要求，交通灯控制系统要有一个能自动置入不同定时时间的定时器，以完成 30 s、20 s 及 5 s 的定时任务。该定时器由两片 74LS190 构成两位十进制可预置数减法计数器完成；时间显示由两片 74LS248 和两个共阴数码管对减法计数器进行译码显示；预置减法计数器的时间通过三片 8 路三态门 74LS245 来完成，74LS245 选通端 DIR 高电平有效。三片 74LS245 的输入数据分别接 30、20、5 三个不同的数据，由状态控制器的输出信号控制在不同状态时分别选通 74LS245 来实现置入不同的数据，状态控制如表 9-3 所示。

表 9-3　状 态 控 制 表

状　　态	Q_2	Q_1	DIR30	DIR20	DIR5
S0	0	0	1	0	0
S1	0	1	0	0	1
S2	1	0	0	1	0
S3	1	1	0	0	1

根据表 9-3 可知状态控制逻辑表达式为：

$$DIR30 = \overline{Q}_2\overline{Q}_1 = \overline{Q_2 + Q_1}$$

$$DIR20 = Q_2\overline{Q}_1 = \overline{\overline{Q}_2 + Q_1}$$

$$DIR5 = \overline{Q}_2Q_1 + Q_2Q_1 = Q_1$$

将 DIR30 送到输入数据为 30 的 74LS245 的 DIR 端；将 DIR20 送到输入数据为 20 的 74LS245 的 DIR 端；将 DIR5 送到输入数据为 5 的 74LS245 的 DIR 端。状态控制器的转换由计数器来控制，当计数器计到 0 时，要实现状态的转换，可通过电路中的 U10 和 U14A 来完成。当计数器计到 0 时，经 U10 和 U14 输出一上升沿驱动状态控制器转到下一状态。

所设计的定时系统如图 9-25 所示，其中 X1 是状态控制器子电路。

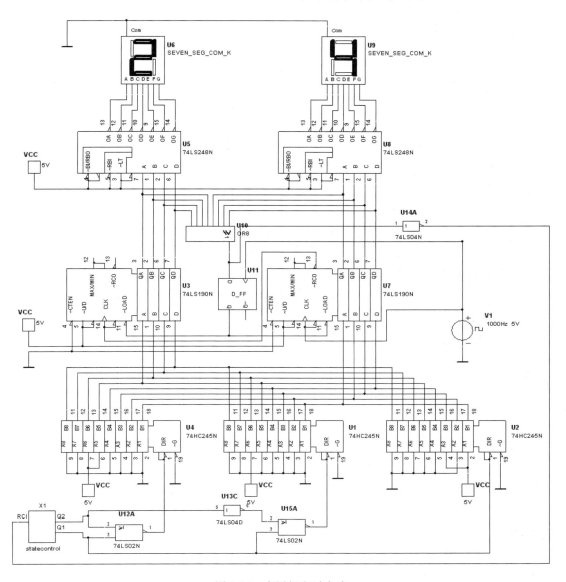

图 9-25　交通灯定时电路

4) 秒脉冲发生器设计

产生秒脉冲信号的电路有多种形式，本设计中利用 555 定时器组成的多谐振荡器产生秒脉冲信号。电路见图 9-26，电路的输出脉冲周期 $T \approx 0.7(R_2 + 2R_1)C_2$，调节 R_2 使输出脉冲周期为 1 s。

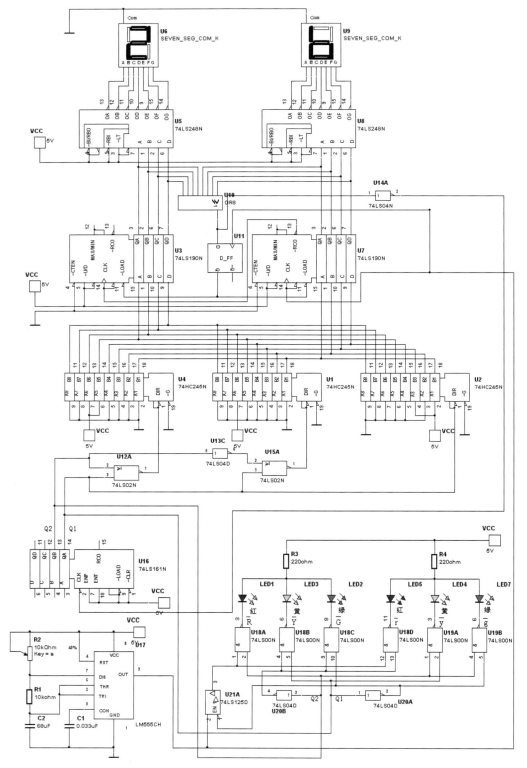

图 9-26　交通灯控制器整机电路

4．整机电路设计及仿真调试

将各单元电路组成整机电路，如图 9-26 所示。555 定时器构成的是秒信号发生器，将其输出接到定时器的时钟输入端 CLK 和状态显示译码电路的三态门 74LS125 的输入端，将来自减法计数器的定时控制信号送入状态控制器的 CLK 端，状态控制的输出接到状态显示译码器和定时器电路，控制定时器的预置时间和状态显示。整机调试电路直到工作正常。

9.5　彩灯循环控制器的设计

1．设计要求

(1) 彩灯能够自动循环点亮。

(2) 彩灯循环显示且频率快慢可调。

(3) 该控制电路具有 8 路以上输出。

2．设计框图

彩灯循环控制器的工作原理就是在时钟信号的驱动下，控制彩灯循环显示。该控制器主要由 3 部分组成，其设计框图如图 9-27 所示。

图 9-27　彩灯循环控制器设计框图

3．单元电路设计及仿真调试

1）振荡电路

振荡电路主要用来产生时间基准信号(脉冲信号)。因为循环彩灯对频率的要求不高，只要能产生高低电平就可以了，且脉冲信号的频率可调，所以可以采用 555 定时器组成的振荡器，其输出的脉冲作为下一级的时钟信号，电路如图 9-28 所示。

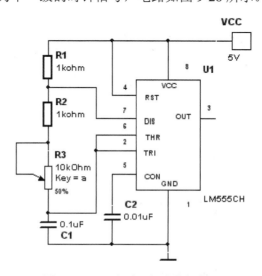

图 9-28　555 定时器组成的振荡器

2) 计数器/译码分配器

【方案一】 采用 CD4017 集成电路。

计数器是用来累计和寄存输入脉冲个数的时序逻辑电路。电路中采用十进制计数/分频器 CD4017,它是一种用途非常广泛的电路。其内部由计数器及译码器两部分组成,由译码器输出实现对脉冲信号的分配,整个输出时序是依次出现 O0、O1、O2、…、O9 并与时钟同步的高电平,其宽度等于时钟周期。

CD4017 有 3 个输入端(MR、CP0 和 ~CP1),MR 为清零端。当在 MR 端上加高电平或正脉冲时,其输出 O0 为高电平,其余输出端(O1~O9)均为低电平。CP0 和 ~CP1 是 2 个时钟输入端,若要用上升沿来计数,则信号由 CP0 端输入;若要用下降沿来计数,则信号由~CP1 端输入。设置 2 个时钟输入端,级联时比较方便,可驱动更多二极管发光。

CD4017 有 10 个输出端(O0~O9)和 1 个进位输出端~O5-9。每输入 10 个计数脉冲,~O5-9 就可得到 1 个进位正脉冲,该进位输出信号可作为下一级的时钟信号。

由此可见,当 CD4017 有连续脉冲输入时,其对应的输出端依次变为高电平状态,故可直接用作顺序脉冲发生器。CD4017 的仿真图如图 9-29 所示,其测试波形如图 9-30 所示。

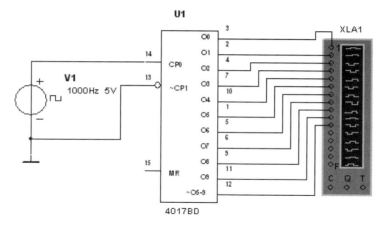

图 9-29　CD4017 的仿真图

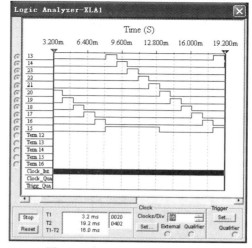

图 9-30　CD4017 的测试波形图

3）显示电路

显示电路主要由发光二极管组成，当 CD4017 的输出端依次输出高电平时，驱动发光二极管也依次点亮，产生一种流动变化的效果。发光二极管要求驱动电压小一点，一般在 1.66 V 左右，电流在 5 mA 左右。彩灯的循环速度由脉冲源频率决定。R_4、C_3 构成微分电路，用于上电复位。如有兴趣也可以把发光二极管换成各种颜色的彩灯，这样循环起来就会更好看。

4．整机电路设计及仿真调试

整机电路如图 9-31 所示。

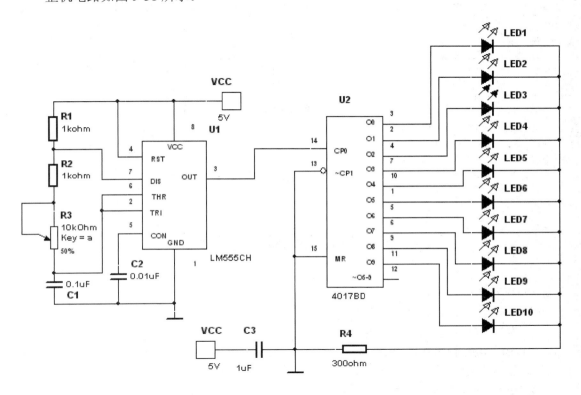

图 9-31 彩灯循环控制器整机电路

【方案二】 在计数译码部分采用四位二进制计数器 74LS163 和 4 线-16 线译码器 74LS154 来完成。

整机电路如图 9-32 所示，图中使用了总线连接方式，使电路连线简单、清晰。

电路中 555 定时器组成多谐振荡器，输出一定频率的矩形脉冲。74163 是同步 4 位二进制计数器，当输入周期性脉冲信号时，其输出在 0000～1111 之间循环变化。通过 4 线-16 线译码器 74154，其 16 条输出线按照 74163 输出的二进制依次变成低电平，哪条输出线为低电平，与它相连的发光二极管就亮。因为在任一时刻，只有 1 个发光二极管亮，所以所有发光二极管只接 1 个限流电阻。该电路的 16 个发光二极管若组成一个环状，则当发光二极管依次点亮时，就像一个光环在滚动一样，可用在灯光布置或装饰上。

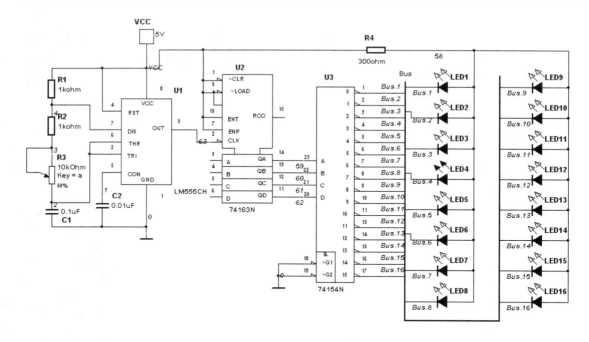

图 9-32　方案二整机电路

9.6　数字频率计的设计

1．设计要求

(1) 测频率范围：1～9999 Hz。

(2) 输入波形：任意周期信号。

(3) 输入电压幅度：0.1～10 V。

(4) 显示位数：4 位。

2．数字频率计的基本工作原理及设计框图

　　数字频率计的主要功能是测量周期信号的频率。若在给定的 1 s 时间内对信号波形进行计数，并将计数的结果显示出来，就能读取被测信号的频率。因此数字频率计必须获得相对稳定准确的 1 s 时间，同时还要将被测任意周期信号转换成幅度和波形均能被数字电路识别的脉冲信号，通过计数器计算这一段时间间隔内的脉冲个数，并且在计数之前要进行清零，计数之后要将计数结果进行锁存、译码和显示。显示器显示的就是被测信号的频率。

　　根据数字频率计的基本工作原理，整机电路设计框图如图 9-33 所示。待测信号通过放大整形电路变换成频率相等的脉冲信号送到计数器的时钟输入端，计数器的工作受计数信号和清零信号的控制。当计数信号有效时，计数器开始计数，计数器的输出送到锁存器的数据输入端，当锁存信号有效时，才能将数据输出并送到显示译码电路译码驱动 4 位 LED 显示器显示相应的测量结果。

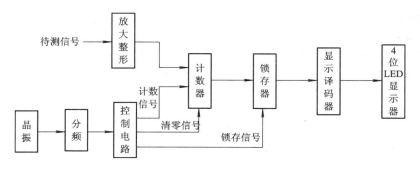

图 9-33　数字频率计的电路框图

3．单元电路设计及仿真调试

1) 放大整形电路

放大整形电路部分用于对待测信号进行处理。输入信号过大或过小都会影响测量，对过大的信号要进行限幅，过小的信号要进行放大，然后将待测信号变换成脉冲信号送入到计数器的时钟输入端。设计电路如图 9-34 所示，过大的信号通过二极管限幅，过小的信号通过运放放大，再通过施密特整形电路进行整形，转换成同频率的脉冲信号，仿真结果如图 9-35 所示。

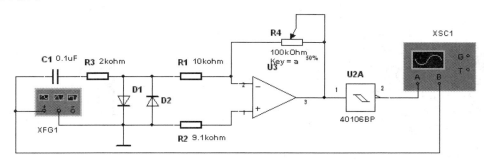

图 9-34　放大整形电路

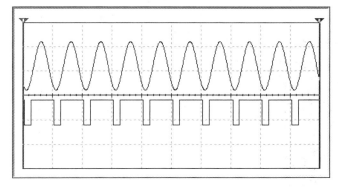

图 9-35　整形电路的仿真结果

2) 振荡器及分频器

为了获得相对稳定准确的 1 s 计数信号，采用晶振电路，然后分频可得到一个 1 s 计数允许信号。

3) 控制电路

通过控制电路可得到计数信号、清零信号和锁存信号。频率计正常工作，这 3 个信号的时序波形要满足图 9-36 所示的时序关系。根据这 3 个控制信号之间的时序关系，设计控制电路如图 9-37 所示，仿真结果如图 9-38 所示，从仿真结果可以看到设计电路能满足控制信号之间的时序关系。

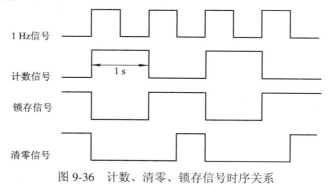

图 9-36　计数、清零、锁存信号时序关系

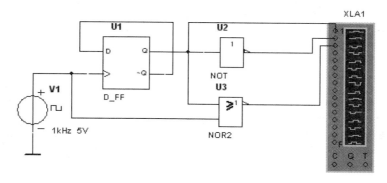

图 9-37　控制电路

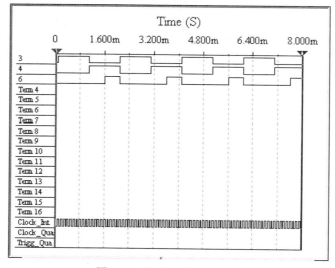

图 9-38　控制电路仿真波形

4) 计数器与锁存器

采用具有使能和清零功能的十进制计数器 74LS160 来完成计数的功能，将控制电路产生的计数信号送到计数器的计数使能端 ENP，产生的清零信号送到计数器的 CLR 端。锁存器采用 74LS374 八路数据锁存器完成，因为 74LS373 锁存器当 CLK 的上升沿到来时，将输入数据锁存到输出端，所以将控制电路产生的锁存信号直接送到锁存器的时钟输入端 CLK。

5) 显示译码器

显示译码电路采用 74LS248 集成电路，显示部分采用共阴数码管显示。

4．整机电路设计及仿真调试

整机电路如图 9-39 所示，图中 1 Hz 的脉冲信号由晶振分频电路产生。

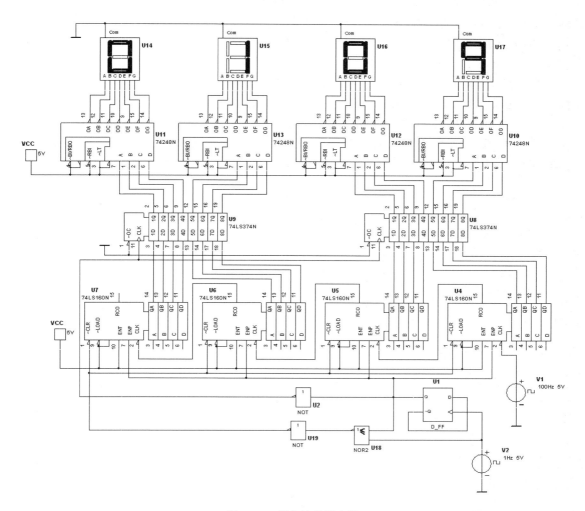

图 9-39　频率计整机电路

参 考 文 献

[1]　阎石. 数字电子技术基础. 4 版. 北京：高等教育出版社，1998

[2]　谢嘉奎. 电子线路. 4 版. 北京：高等教育出版社，2001

[3]　康华光. 电子技术基础——数字部分. 4 版. 北京：高等教育出版社，2001

[4]　刘守义. 高频电子技术. 北京：电子工业出版社，1999

[5]　薛文，柯节成. 模拟电子技术基础. 北京：高等教育出版社，1998

[6]　郑慰萱，王忠庆. 数字电子技术基础. 北京：高等教育出版社，1998

[7]　郑步生. Multisim 2001 电路设计及仿真入门与应用. 北京：电子工业出版社，2002

[8]　韦思健. 电脑辅助电路设计. 北京：中国铁道出版社，2002

[9]　朱力恒. 电子技术仿真实验教程. 北京：电子工业出版社，2003

[10]　解月珍，谢沅清. 电子电路计算机辅助分析与设计. 北京：北京邮电大学出版社，2001

[11]　卢庆林. 数字电子技术集成实验与综合训练. 北京：高等教育出版社，2004

[12]　路而红. 虚拟电子实验室. 北京：人民邮电出版社，2001